李世化/著

静心

战胜焦虑、摆脱抑郁的心理策略

台海出版社

图书在版编目（CIP）数据

静心：战胜焦虑、摆脱抑郁的心理策略 / 李世化著 . -- 北京：
台海出版社 , 2021.7
ISBN 978-7-5168-3016-1

Ⅰ . ①静… Ⅱ . ①李… Ⅲ . ①心理学—通俗读物
Ⅳ . ① B84-49

中国版本图书馆 CIP 数据核字（2021）第 104381 号

静心：战胜焦虑、摆脱抑郁的心理策略

著　者：李世化

出 版 人：蔡　旭　　　　　　　　　　封面设计：华业文创

责任编辑：吕　莺　员晓博

出版发行：台海出版社

地　　址：北京市东城区景山东街 20 号　　邮政编码：100009

电　　话：010-64041652（发行，邮购）

传　　真：010-84045799（总编室）

网　　址：www.taimeng.org.cn/thcbs/default.htm

E-mail：thcbs@126.com

经　　销：全国各地新华书店

印　　刷：三河市华润印刷有限公司

本书如有破损、缺页、装订错误，请与本社联系调换

开　　本：710 毫米 × 1000 毫米　　　1/16

字　　数：214 千字　　　　　　　　　印　张：15.5

版　　次：2021 年 7 月第 1 版　　　　印　次：2021 年 7 月第 1 次印刷

书　　号：ISBN 978-7-5168-3016-1

定　　价：48.00 元

序 言

2020 年是"奇幻"的一年，接连发生的"黑天鹅"事件，深刻影响了每个人的生活，原本节奏就很快的生活，又多了些许不稳定性。"黑天鹅"总会过去，生活也要继续，越是在这个躁动不安的时刻，我们越要学会"静心"。

紧张的时候静下心，会获得一份淡定与从容；愤怒的时候静下心，会控制住自己的情绪，不冲动行事；疲惫的时候静下心，会重新获得继续前行的勇气和信心；得意的时候，静下心，不会过分忘形；失意的时候，静下心，不会彻底失望；痛苦的时候，静下心，不会借酒消愁；绝望的时候，静下心，会发现生活还有一些美好……

无论人生的旅途多么繁忙，都需要偶尔自己停下脚步，静下心来回头看看最初的起点，再望望最终的归宿，然后轻装上阵，从容起程，走上漫漫的人生道路。

生活不如意时，要学会自我慰藉，给自己一点鼓励和赞赏；遇到困难时，要学会坚强，给自己一点勇气和动力。

不抱怨，不攀比，心淡然；不发怒，不娇嗔，心随和。生活就是这样，有苦有乐；人生就是这样，有起有落，坦然接受就好。

忍受不了痛苦，就感受不到快乐，梦想还在远方。不管梦想是否能够实现，都不能放弃，人生不能没有追求，追求是一种目标，是一种理想。

笑看花开，是一种宁静的喜悦；静等花落，何尝不是一份随缘的自在？坐看云卷云舒，静听花开花落，何尝不是一种人生？

《大学》云："静而后能安，安而后能虑，虑而后能得。"只有先让一颗躁动的心静下来，才能心安；心只有安定下来，才会思考；有了思考，才能有所得，才能进入"采菊东篱下，悠然见南山"的境界。

人只有静下心来，才能看见事情背后的真相，才能默默耕耘自己的梦想，才能坚定自己的方向，才能不断激发生命的潜能，最终取得岁月的芬芳。

你要知道人生没有完美，人要学会看开、想通、知足，学会从容、放手。不要跟一些人计较，这样就会少很多烦恼，不要在意一些事，这样就会少很多痛苦。

一面凸凹不平的镜子，里面的图像是扭曲的；波浪起伏的水面，倒映的月亮也是不完整的。如果镜面光洁，水面平静，那么镜中的图像，水中的月亮也都是极美的。所以，不要苛求完美，以一种平静的心去面对这一切。

水静则形象明，心静则智慧生。静以生慧，是人生的最高追求，人生真正的成功和幸福就在于心中的那个"静"字。

大千世界，光怪陆离，金钱、名利、地位让多少人迷了双眼，人生最终也不过一抔黄土而已。如果在这个繁华浮躁的世界，仍然能够保持一份静心，做到"恬然不动其心"，则会少很多烦恼，长很多智慧。

一灯能破千年暗，一智能灭万年愚。有智慧的人，会带给更多的人以光明。心静能让人生出智慧，智慧如水，滋润万物。

古人说："天地间，真滋味，唯静者，能尝得出。"水静下来才会清澈，才能照出这个世界。人只有心静了，才能品尝出生活本来的滋味，才能感受到简单生活的快乐。

做一个简单快乐的人，随缘而起，随遇而安，心静了，世界就宽了。

目 录

第一章　人生路漫漫，哪能不着一粒尘

后疫情时代，要"静心"以对　/ 002

别太敏感，让心静下来　/ 005

心里充满阳光，才能扫除"嫉妒阴霾"　/ 008

为自己而活，才是真的生活　/ 012

得不到也别让自己太"躁动"　/ 015

静心倾听怀表的"滴答"声　/ 018

第二章　摆不正心态，万般烦恼皆来找

为何你总是自寻烦恼？　/ 024

心态有问题，生活就会出问题　/ 027

别做"忧天"的"杞人"　/ 030

一件小事，不值得让人抓狂　/ 033

学会容忍生活中的"吸血蝙蝠"　/ 036

生活不易，请别跟自己较劲　/ 039

第三章　管不好情绪，负能量会淹没你

管好情绪，才能掌控人生　/ 046

给负面情绪变个"妆"　/ 050

让冲动的魔鬼远离自己　/ 053

面对羞辱，理智应对　/ 056

别在生气时做决定　/ 060

别让忧郁淹没你　/ 063

智者之道，吾日三省吾身　/ 066

君子之道，人不知而不愠　/ 070

第四章　不抱怨，不攀比，一切都是最好的安排

幸福人生需要"等价交换"　/ 076

快乐无须比较，也不分多少　/ 079

你看别人是什么，自己就是什么　/ 083

攀比的山峰"永无止境"　/ 087

人生就像足球赛，踢好自己的位置很重要　/ 091

少计较，一切都会变好　/ 094

第五章　坚定目标，气定神闲地向前进

成功的秘诀，在于目标的明确　/ 100

让目标成为前进的"永动机"　/ 104

制定目标，要看得远一些　/ 107

实现目标，要"拆大为小"　/ 110

前进的路上不要钻牛角尖　/ 113

只要敢去想，就会有可能　/ 116

只有不放弃，才能出奇迹　/ 119

成为强者，才能主宰命运　/ 122

第六章　认清自我，做最好的自己

你可以不完美　/ 128

你也是别人的风景　/ 132

错过了太阳，还有月亮　/ 135

转换思路，找到新的出路　/ 138

让自己的光芒更闪亮　/ 141

珍惜你所拥有的一切　/ 145

用心去书写"真我"　/ 149

第七章　人生得失，全在一念之间

得失存心知，有舍才有得　/ 154

舍非常之舍，得非常之得　/ 157

要拿得起，也要放得下　/ 161

谁说失去不是一种得到？　/ 164

学会放下，才能有新的开始　/ 167

有理也让，是一种气度　/ 170

第八章　心若简单，生活就简单

强者把不幸当作垫脚石　/ 176

美好生活，从换位思考开始　/ 179

平淡看待别人的表扬与批评 / 182

正确看待生活中的福与祸 / 186

处变不惊，方能游刃有余 / 189

幸福就要简简单单 / 192

第九章　静观沧海，慢听时光

从容是一种境界 / 198

学会享受"闭眼时光" / 201

沙漏哲学：一次只流一粒沙 / 204

生活是场华尔兹 / 208

耐心静待一朵花开 / 211

放慢脚步，享受生活 / 215

第十章　让自己快乐，是件最伟大的事

别拿旧错折磨自己 / 220

家是快乐的"避风港" / 223

难得糊涂，大智若愚的快乐 / 226

做一个用心创造快乐的人 / 229

享受当下的幸福 / 233

目之所及，尽是美好 / 236

第一章

人生路漫漫，哪能不着一粒尘

后疫情时代，要"静心"以对

2020年的一场疫情，给世界蒙上一层阴霾，也让每个人的内心沾染上一抹尘埃。现在，国内疫情已经基本消除，但放眼全球，疫情依然在其他国家肆虐，人们的生产生活受到了严重影响，情绪与精神也出现了较大波动。

在我来看，对于这次"黑天鹅"事件，提起警觉是必要的，但若要为此整日担惊受怕，以至于影响到自己的正常生活，那却是大可不必的。现在国内疫情已经趋于稳定，各类疫苗的研发也已经取得突破性进展，大多数城市人们的生产生活已经完全恢复，我们的情绪也应该稍稍舒展一些才是。

在后疫情时代，诸如此类的"黑天鹅"事件仍然有可能发生，为此，我们需要"静心"以对。正如应对生活中会有的各类烦恼一样。

"菩提本无树，明镜亦非台。本来无一物，何处惹尘埃"，在众多佛偈中，我独偏爱此句，世间万物本是顺应天时而作，无论我们如何折腾，终究只是徒劳，就像这三千烦恼丝，任你再烦，再扰，它只是静在那里，挥之不去。倘若你不去烦它，扰它，它也不会兴风作浪，还是乖乖地静在那里，与你合而为邻。

一个春风沉醉的夜晚，我在屋顶上听风赏月，突然接到一位好友的电话。多年不见，他已经在行业中小有成就。谈起过往，他向我一一道尽。

那一年，他大学毕业，过五关，斩六将，终于磕磕绊绊地进入一家他所中意的企业谋事。虽然薪资待遇差强人意，但幸好，这份工作是他最喜欢的，他决定把自己的青春留在那里，点一把火，让它好好地烧个痛快。他的朋友们都羡慕他，可以为梦想打拼，他报之一笑，微笑里难言苦衷。自从做了那个决定后，他朝九晚五，闻鸡起舞，穷且益坚，不坠青云之志。可几个年头过去了，时光如白刃，把人"杀"得精神恍惚。他突然发觉，虽然自己努力辛苦地奋斗，换来的却只是微薄的成就，而那些曾经羡慕他的朋友，或者白手创业，飞黄腾达；或者生儿育女，享受为人父母的幸福快乐。

他迷茫、失落，甚至有些消沉抑郁。一想到那个他曾为之喜乐付出的梦想带给他的苦痛哀愁，他就浑身不自在，仿佛这是他所做的最荒唐的一个决定。在一次聚会上，他喝得有点多，模糊中听着朋友们的话语，他的那些好友都劝他别再浪费时间了，不如安心地找份稳定的工作。灯影交错中，他有些茫然，心里更是五味杂陈。

听着他一遍一遍地诉说着自己的委屈，我也渐渐被那些消沉情绪所环绕，心中也升腾起些许迷茫、失落之感。但很快，我发觉到这一点后，深深地吸了几口气，让内心平静了下来。等他稍做停顿后，我开始给他讲起自己曾经听到的一个故事。

相传，法门寺中有一位名僧——一心大师。一心大师刚到那里参禅时，修行尚浅，只想静下心神参禅悟道，提高自己心灵的境界。无奈的是，他发现每天到那里烧香还愿的人熙熙攘攘，而且寺里的法事和应酬太多，根本没有多少时间可以诵经。为了更好地静心悟道，他鼓起勇气，向师父辞行，打算离开法门寺，去他处另谋高就。

方丈怎能不明白他的意图呢？但他认为一心大师此举或许有些轻率，于是他将一心大师带到法门寺的后山上。

后山的山顶只有一些灌木和零星的几棵松树，方丈指着其中最高的一棵松树对他说："你看看，它是这里最高的一棵松树，但是它能做什么呢？"

一心大师仔细瞧了瞧，发现它虽然很高，但是它的树干扭曲凌乱，乱枝横生，没有一根可成为良材。于是他说："这样的树能有什么用处呢，只能拿来当柴烧吧。"

方丈点头，不再说什么，而是带他回到刚才走过的一片繁茂松林。这里的松树非常茂盛，每一棵都笔直参天。

方丈指着眼前的这片林子，问道："你说说看，为什么眼前的这些树都直指向天呢？"

一心大师略微思索，回答说："大概是为了获得更多的阳光吧。"

方丈再次点头，并语重心长地对他说："一叶而知秋，你看到的这些松树为了争得一线阳光的照射、一滴雨露的滋润，都积极努力，奋力向上，所以才长得那么茁壮挺拔。再看那棵远离群体的松树，它固然自由安逸，立于山顶，但它放任散漫，所以才会乱生枝节。"

听完禅师的话语后，一心大师明白了禅师的一番用意，惭愧地说："大师所言极是，我知道何去何从了。"

故事的主旨很简单，一个人自己能否静下心来，看的不是他周边的环境，而是他内心是否有坚定的追求。真正想读书的人，不会因为菜市场过分喧嚣，就放弃读书的机会，不想读书的人，即使一个人在宽敞明亮又安静的房间中，也是一个字都看不下去的。

疫情能够影响经济发展、影响生产生活，但不能让它影响到我们的内心，疫情暴发时要与之顽强斗争，疫情稳定后要"静心"恢复生产生活，生存下去、发展下去，才是生活永恒的主题。

心灵茶社

世事浩繁如烟、如霾，长久不拂拭，便生出一层污垢，你心中需要时刻备一部除霾仪，经常清理，别让心沾染污垢。

别太敏感，让心静下来

如果有时间，我们可以坐下来思考一下，在一周之中，有哪些事情会让我们过度反应。将这些事情罗列出来，根据事件大小及其严重程度进行排序，看一看让我们过度反应的是不是多是一些微不足道的小事。

如果是，那不得不承认，我们多少是有些敏感的。敏感是一个十分抽象的概念，单纯从词语角度来讲，其是指感觉敏锐，对外界事物能够迅速做出反应。但如果从其社会意义来讲，敏感的内涵就不仅仅只是这些内容了。

大多数人更喜欢使用敏感程度，也就是通过对一些事件的反应来判断是否敏感。当达到了一定程度时，就可以算作敏感，而没有达到这种程度时，便称不上是敏感。

如果我们经常会对一些小事过度反应，那毫无疑问，我们是有些敏感的。至于我们的敏感程度是高是低，则还需要根据具体情况来确定。

在日常生活中因小事产生过度反应的敏感事例往往是这样的：

在公交车上，因为被别人不小心踩了一下脚，而与对方大打出手；在办公室中，因为中午订餐没有自己喜欢吃的菜品，而与同事产生纠纷；在家庭中，因为垃圾没有及时清理，而与家人产生矛盾；在学校里，因为不小心碰掉了同学的书本，而与同学争吵怒骂……

上面提到的情境几乎每天都发生在我们或身边其他人身上，这些行为事例都可以看作是敏感的表现。在这些行为中判断敏感程度的高低，一个重要的标准就是"过度反应"的程度。

在公交车上，被别人踩了脚，正确解决问题的途径是我们友善地指出对方错误，对方对我们表示歉意，或者是对方发现自己错误，向我们表示歉意，我们接受并告知对方没关系。但除了这两种情况外，还可能会发生以下几种情况：

第一种情况，对方在踩到我们之后，不仅不道歉，反而指责是我们的错。这种情况下我们应该据理力争，指出对方的错误并要求道歉。如果我们做好了自己的工作，却依然与对方发生了争执和冲突，那责任在对方并不在我们，所以也谈不上是我们因为小事而过度反应。

第二种情况，对方在踩到我们后，进行了诚恳道歉，但我们却不依不饶，与对方产生争执。这种情况就属于我们的过度反应了，如果因为争执又发生了剧烈冲突，那我们在这件事情上的反应就过于剧烈了。如果发生了这种情况，就说明我们的敏感程度是较高的。

因为一件小事而控制不住自己的情绪，进而产生一些不受大脑控制的过度反应行为，这是再正常不过的现象。

一些人认为自己天生就是暴脾气、直肠子，遇事习惯于不加思考，身体先于大脑做出反应。存在这种心态的人，很容易将小事变大，将原本容易解决的事情搞得异常复杂，进而为自己惹上不必要的麻烦。

另外一些人认识到自己这种因小事而产生的过度反应，已经为自己的日常生活和人际交往带来了不便，希望改掉这种习惯，但尝试了多种方法却始终没有效果。在这种情况下，原本并不严重的敏感问题，就会逐渐累积成较为严重的焦虑和抑郁，进而影响个人的身心健康。

在面对"因小事而过度反应"这个问题时，我们不能过于松懈，同时也不用过分紧张。正确的做法应该是正视这个问题，认清这一点，我们才能更好地摆脱这种问题。无论是敏感程度高的人，还是敏感程度低的人，都要通过"静心"来调节自己的情绪。

　　林晓是一家公司的销售总监，在职场上摸爬滚打多年，自认为阅人无数，所以颇有城府。几个月前，他在办公室里加班，突然接到一个陌生电话。接通后，才知是楼下的保安打来的。保安客气地对他说："林先生，您车子的位置停错了，麻烦您下来挪一下车子吧。"

"哦，好，知道了。我马上下去。"林晓答应挪车，正准备挂机，那边保安又继续说："还有，您副驾驶的车窗没关。"这保安还挺细心，林晓正准备说谢谢提醒，电话那头还没完："对了，您的钱包也忘在副驾驶上了。"

这下，林晓不答话了，他眉头一皱，开始提高警惕起来。他的脑筋飞速转动，第一反应是：等等，难道想讹我钱？这个保安是怎么知道我的电话的？不对呀，我又没在物业做过登记。怀着这一连串疑问，他焦躁不安地下了楼。

在下楼过程中，林晓的心情越来越烦躁，火气也一下子蹿了上来。一到楼下，他就开始质问保安，为何会有自己的电话，是不是动过自己的钱包……一连串询问就好像审问犯人一般。

听到林晓怒气冲冲的询问，保安并没有生气，他解释道：自己在巡查时看到林晓的钱包落在了副驾驶的位置上，担心有人偷走，就帮他收好。然后又通过钱包里的一张洗车卡查到了林晓的电话号码。

听着保安自然平静地叙述，并不断提醒他此后不要太过大意，林晓这才感觉到自己的态度问题，而他也为自己以小人之心度君子之腹的小气量感到些许羞愧，只得红着脸向保安连连表达感谢。

试想，如果这位保安与林晓一样，也是被一件小事就能"点燃"的人，一场骂战是不可避免的，严重些，双方甚至还要动起手来。如此，原本是一件好事，却转瞬变成了祸事。

如果林晓下楼时，能够多进行一些自我暗示，让自己的内心静下来，调节一下自己的情绪，这件小事就会解决得更加顺利了。

弘一法师曾说："世间人的烦恼都是来源于自身。以和气迎人，则乖沴灭；以正气接物，则妖氛消；以浩气临事，则疑畏释；以静气养身，则梦寐恬。"生命起始之时，最初的那颗心除了清净透明什么都没有，没有烦恼，没有忧愁，没有惊惧，没有疑虑，可是在红尘俗世中混得久了，这颗心好像什么都沾染上了。

在不断地求索与挣扎中，有时候心会越锁越紧，即使一件小事，也会让内心焦躁不安。这时候，不妨停一停，让自己的心静下来，重新看一看这件小事，那时，我们便会对其产生新的见解与感悟。

☕ **心灵茶社**

> 别让一件小事扰了我们内心的宁静，大事化小，小事化了，这种古老的智慧在很多时候都是有用的。

心里充满阳光，才能扫除"嫉妒阴霾"

《小窗幽记》中有这样一段话："清闲无事，坐卧随心，虽粗衣淡饭，但觉一生不淡；忧患缠身，烦扰奔忙，虽锦衣厚味，亦觉万状苦愁。"

生活本来应该是简单快乐的，只是因为我们的心不够纯净，所以才会生出那么多的烦恼来。俗世中，扰乱内心的因素有很多，嫉妒心理便是诸多因素中破坏力最大的一个。

不久前，一个朋友向我吐槽，她实在看不惯小美频繁地的在朋友圈晒出游、晒美食、晒浪漫，所以屏蔽了她的朋友圈。其实这个朋友之前就跟我提到过关于小美经常出去旅游的事，"经常去这种网红地方拍照打卡有什么意义啊，无非就是在炫耀自己"，其实我已经闻到了浓浓的醋味。

还有一个不远不近的亲戚，前段时间来家串门，我们说起同事家一个孩子很优秀，已经申请到英国某知名大学的录取通知了。在大家一片羡慕声中传出了一个异样的声音："学那些崇洋媚外的东西有什么好的，国内那么多好大学还装不下他了？没看新闻上报道吗，很多海归回来的还不是一样找不到工作？我看我家小伦读的大学就不错。"

没错，这就是我们常说的嫉妒心理。像我们常说的"吃不到葡萄说葡萄酸""某某又酸了"等，其实在一定意义上反映着不同强度的嫉妒心理。一旦这些负面情绪在心里积压到一定的程度，就会变成抹黑别人的"恶语"，又或是暗中使绊的"陷阱"。

说实话，我相信嫉妒心理是普遍存在的，任何一个人都很难真正做到与世无争，也不和任何人做比较。人无完人，我们不可能什么事都做到尽善尽美，这时候比较就是人之常情了，所以我更愿意相信每个人心中都藏着嫉妒的种子。

作为一种难以控制的消极情绪，它会让我们处于不同程度的愤怒当中，并在自我价值贬低的同时变得极度缺乏安全感。于是我们会在嫉妒的漩涡里周而复始，直到它将我们完全吞噬。

我们说嫉妒的危害是显而易见的，那么任何负面情绪的出现都不是毫无来由的，嫉妒也不例外。有研究表明，嫉妒心理形成的最原始因素，是来自"未被满足的童年需求"。简单来说，我们都知道孩子都渴望被爱，有被认可的情感需求，但如果在幼儿时期，孩子这种情感需求并没有从与之有亲密关系的人那里获得，就会使孩子长期处于一种不安全感当中，而长大以后，这种不安全感就会表现为强烈的占有欲望，还表现为对潜在个人价值丧失的恐惧。所以在与人建立关系的时候，就会不自觉地表现出嫉妒。

常见的嫉妒心理，会有以下几种表现：

表现一："泼冷水"。

当你在工作或者学习中取得优异成绩的时候，有些人会选择无视你，甚至会以"泼冷水"的方式来贬低你的成绩。比如：你一次性高分通过大学英语四级考试，舍友却说："有什么好炫耀的，不过是瞎猫碰到死耗子罢了。"

有嫉妒心理的人在面对别人成就的同时也会面对着巨大的心理压力，所以他们选择以"泼冷水"的形式来缓解这种压力。

表现二："杀敌一千，自损八百"。

面对同一件事情，存在竞争关系的两个人不免会产生嫉妒心理。对于嫉妒者来讲，他们的竞争往往是损人而不利己的，这种竞争明显是情绪化的，是在心理失衡的状态下做出的"鱼死网破"的决定。比如：两个人同时竞争部门经理的岗位，明显处于弱势的一方就会抑制不住自己的嫉妒心理，做出一些失去理智的事情，最终导致两人都失去了入选的资格。

表现三：选择离开。

很多人都发现过这样的规律，两个"平起平坐"的人会持续不错的关系，一旦其中一人获得突飞猛进的进展，打破了这个对等关系的平衡，就会使两人关系破裂，我们生活中不乏这样的例子。

或许那些选择离你而去的人恰恰是因为无法承受你的"明月之光"，不甘心在你身边做一颗黯淡的星辰，更无法掩饰内心的自卑所以才会选择离开。

我们每个人都存在不同程度的嫉妒心理，生活在多种复杂的人际关系中，扮演着多种角色的我们根本不可能避免嫉妒心理的存在。那么如何才能在一定程度上控制嫉妒心理，又如何有效地避免有害的嫉妒行为，保持健康和谐的人际关系呢？

首先，我们需要正视内心不安全感的根源。

我们要正确处理早期的依恋经历带给我们的不安全感，处理并不意味着要根除，那毕竟很难达到，我们要做的不是摆脱它们而是正视它们的存在。

其次，说出来，用正确的方式表达自我的内在情感需求。

当不论怎么努力都无法控制嫉妒带给我们的负面情绪时，不妨将心中的恐惧、焦虑用正确的方式来表达，你可以倾诉给心中认可的朋友，抑或是专业的心理咨询师，当你将这些情绪表达出来以后，你会感觉轻松不少。

最后，正确认识自我需求与他人成就之间的关系。

说到底，由嫉妒产生的一系列负面情绪归根结底是源于我们错误地判断了自己和他人的意图。黑格尔说："嫉妒是'平庸者对卓越才能的反感'。"我们必须摆正自己和他人之间的关系，每个人都有自己的人生使命和人生价值，每个人都有自己的与众不同的道路要走，我们要培养自己豁达的人生态度，"天外有天人外有人"，正视他人成就，正视自身不足，假以时日定能有所成就。

莎士比亚曾说："一定要留心嫉妒啊，那可是一个绿眼妖魔！谁做了它的牺牲品，谁就要被它玩弄于股掌之中。"希望我们都不要被"绿眼妖魔"绑架，更不要将心中的嫉妒化成极具攻击性的利剑，更不要在负能量里走火入魔。

☕ **心灵茶社**

> 因为要应付成长过程中的各种需求，我们的欲念在一点点膨胀，嫉妒便是欲念的一种典型表现。它让我们陷入了迷失，让我们误入歧途。这时候，我们就需要重新整理下自己的内心，找到心中的负能量，并将其清除干净，这样我们才能更为积极地面对生活。

为自己而活，才是真的生活

有人感慨人生短暂，有人感慨时光匆匆，不用诧异，那是因为我们对世间万物的心态不同，所以大千世界尽收眼底，看到的也未必一致，更何况是内心感受了。我们生活于世间，每个人都是独一无二的个体，父母赋予我们生命，而我们需要赋予生命意义。

那你生命的意义是什么呢？小时候你被要求做个乖孩子，上学了你被要求做个好学生，大学毕业了你被要求找个好工作，继而被要求找个"好"对象。就这样，你一直被要求，或许曾几何时你也问过自己，我真正要的是什么呢？但是很快，你发自内心的声音夭折了，他们被无情的湮没在外界各种看似合理的要求里了。

晓晓一直以来都是大家口中"别人家的孩子"，在校成绩优异，每个学期考试必定位列前三，还是学校里出了名的才女，唱歌、跳舞、主持没有一项是她胜任不了的，且总是一副乖乖女形象示人，小区里的人没有不羡慕的，都说这孩子太优秀了，每每听到这话，晓晓父母的脸上总是洋溢着妙不可言的得意。

和父母相反，是晓晓的脸上却没见过发自真心的笑容，按说这个年纪的孩子最是天真烂漫，院里的孩子谁家的不是整天嬉笑打闹，可是她嘴角微微上扬，脸上却不动声色，就算打过招呼了。

原来，晓晓的叔伯家的堂哥堂姐，姨舅家的表哥表姐不乏优秀之辈，他们都生活在大城市，教育资源自然比三线城市更优越，晓晓的父母只有她这么一个女儿，自然也不能被人比下去，所以从小就对她要求特别严格，晓晓的课余生活被安排得满满的，周末被各种特长班占据了不说，每天下课还要有两个小时的课外补习，晚上回到家，还要练习周末学习的舞蹈动作、钢琴指法等，看来优秀的孩子活得实在不易啊，也难怪晓晓总是怏怏地，难展笑颜。

就这样，晓晓很顺利地考上了一所一本的学校，那里是人才扎堆的地方。跳出自己固有的圈子，你很快会发现还有很多人比自己更优秀，晓晓也不例外，她很快感觉到了自卑，因为她发现当别人口若悬河地论述自己的观点的时候，她却毫无自己的想法。大家提议一起出去玩的时候，她也只能随口搭话，没有自己的主见。

慢慢地，晓晓被大家"边缘化"了，她成为了大家眼中没有主见、了无生趣的人。

现代社会，很多人都是在父母包办下长大的，他们为我们安排好了一切，我们不仅需要按照他们的安排按部就班，还要尽全力配合，尽可能地让他们感到颜面有光。

很快，我们长大了，父母也觉得应该让我们试着独当一面了，于是他们开始"垂帘听政"。初次把握自己人生舵盘的我们，兴奋不已，内心雀跃着"我终于可以为自己做主了"，然而好景不长，我们开始迷茫，因为很早以前我们就已经和"自主"绝缘了，我们从未为自己而活，我们已经习惯了"被要求"，工作中的我们提不出领导所谓的建设性意见，恋爱中的我们一味地迁就对方的喜怒哀乐，朋友圈里的我们也是一味地随声附和。有人说，我们这个时代得了绝症——不知道自己喜欢什么。

现实生活中不知道自己喜欢什么的人数不胜数，这些人往往都有一些共性，他们可能为了上一所好大学读了四年自己并不喜欢的专业，不突出也垫不了底，你问他们有什么爱好，他们也无从回答。大学毕业后，隔行如隔山，他们想尝试自己曾经颇感兴趣的行业，但是碍于专业限制，也只能一如既往地选择专业方向就业，业绩呢？也一如既往地高不成低不就。

这时候"垂帘听政"的父母不乐意了，"你看李叔叔家的儿子，工作出类拔萃，今年又升职加薪了""你看张阿姨家的女儿，男朋友一表人才，能干多金，对她还特别体贴"等等。每当听到这些话，就无限激起了我们内心的斗志，我们下决心要为自己活一次，不为取悦任何人。

心理学有一个概念叫作"空杯心态"，即"并不是一味地否定过去，而是要怀着否定或者说放空过去的一种态度，去融入新的工作，新的事物。""空杯心态"也曾经被武学宗师李小龙所推崇，他认为我们应该清空自己的"杯子"，这样才能再次注满。

我们辞掉了看起来体面、干起来安逸的工作，因为那适合即将退休的老人，而我们风华正茂，应该做一些比"和尚撞钟"更有意义的事情；我们开始每周敷三次面膜，不是因为明天要去见七大姑八大姨给安排的某个毛头小子，而是因为我们发自内心地想要自己变得美好；我们重新捡起了为了高考而丢掉的爱好；我们放弃了为了生计而奔波的工作；我们疏远了那些设计金钱利益的酒桌朋友，我们所做的一切都是为了能够为自己活一次。

有人或许会说，我年纪大了，不像你们年轻人还有折腾的资本，我想说，年纪也只是一个数字，在任何年龄段，学会为自己而活都显得尤为重要。不要总是活在别人的期待里，你要做的不是别人眼中的自己，而要活成自己内心想要的样子。因为只有你才是这世界上最重要的人，为任何人牺牲自己都不值得，因为他们不会为你的人生负责。

天大地大，我们不应该把自己局限在一个角落，我们应该勇敢地大步向前，为自己而活，不为取悦他人。你若美好，蝴蝶自来。

心灵茶社

为别人而活的人，只会感受到辛苦和劳累，为自己而活的人，才能感受到生活的本质。

得不到也别让自己太"躁动"

有一个人对自己的未来有过很多设想——18岁时，他希望能考上自己梦寐以求的重点大学。那时候，他感觉时间还很充裕，所以得过且过，等他想要奋力冲刺时，距离高考的日子已经所剩无几，结果自然名落孙山。

25岁时，他希望娶一位漂亮的姑娘做妻子。遗憾的是，他自卑不已，认为自己无房无车，给不了别人幸福，于是，当那个心仪的女孩真正走进他的生活时，他选择了退缩。

28岁时，有一个很好的创业机会摆在眼前，但他害怕风险，犹豫不决，不忍心放弃安逸稳定的生活，最终选择了放弃。

60岁时，他意识到人生已所剩不多，便决定提笔著书，当一名作家。这次他没有犹豫，排除一切干扰，静心写作，几年后，他成了一位知名的作家。这时，他才真正意识到每天提醒自己，不要忘记当初的梦想是多么重要。

这个人可能是你，也可能是我，你我皆凡人，生于天地间。在行色匆匆的人流中穿行，又安能不食人间烟火？在嘈杂喧嚣的环境中忙碌，每个人都有渴望得到的东西，我们渴望在疲惫的奔波中获得轻松的释放，在夜深人静的安宁中为自己莫名的孤独和烦恼找到平衡的理由。我们甚至期望，有朝一日，以自己平庸的能力创造出非凡的成就，在平平淡淡的日子里出现向往已久的辉煌。我们不停地为自己的心灵祷告着，希望我们的心灵能够得到满足，希望我们的人生能够有意义。但求之不得也是常有之事。

有一位虔诚的信教人，自从看到了佛经中所说的曼陀罗花后，也在自家的花园里栽种了各种各样的花。春天到了，花香四溢，这时候她想到了附近的寺庙。因为听说常以鲜花供佛，可以修得福报，于是她每天都从自家的花园里采撷鲜花到寺院供佛。一天，当她正送花到佛殿时，碰巧遇到了从法堂刚做完法事出来的无德禅师。

无德禅师看到她后，对她报之一笑。其实，无德禅师早就注意到她的善心了，见她如此用心，便非常欣喜地对她说："你每天都这么虔诚地来以香花供佛，这是一件非常有功德的事呀。依经典的记载，常以香花供佛者，来世当得庄严相貌的福报。"

听完无德禅师的话语，她也感到非常欢喜："这是应该的。'送人玫瑰，手留余香'的道理我是懂得的，但是禅师，我心中一直都有一个困惑，想求您解答。"

"是什么困惑呢？"无德禅师问道。

"我每天来到寺庙礼佛时，自觉心灵如同洗涤过似的清凉，但每每回到家中，心就开始不自觉地烦乱起来。请问您，像我们这样一个家庭主妇，如何在烦嚣的城市中保持一颗清净纯洁的心呢？"

无德禅师反问道："你以鲜花献佛，相信你对花草总有一些常识，我现在问你，你平日里是如何使花朵保持新鲜的呢？"

这人答道："保持花朵新鲜的方法，最简单的莫过于每天换水呀，并且于换水时把花梗剪去一截，因花梗的一端在水里容易腐烂，腐烂之后水分不易吸收，就容易凋谢！"

无德禅师说道："其实保持一颗清净纯洁的心，和保持花朵新鲜的道理是一样的。我们的生活环境就像这花瓶里的水，我们就是花，唯有不停地换掉生活环境中的'脏水'，净化我们的身心，变化我们的气质，并且不断地检讨、忏悔，改进陋习、缺点，才能不断吸收到大自然的食粮。"

这人听后，若有所悟，随即向禅师作礼感谢说道："谢谢禅师的开示，希望以后有机会拜访禅师，过一段寺院像禅师一样的生活，享受晨钟暮鼓，菩提梵唱的宁静。"

无德禅师摇头道："不，不，你在哪里都能感受得到，又何必等机会到寺院中生活呢？"

这人有些不解。

无德禅师道："你的呼吸便是梵唱，脉搏跳动就是钟鼓，身体便是庙宇，两耳就是菩提，无处不是宁静。"

故事中的人想要求得内心清净，却始终无法如意，禅师用"呼吸便是梵唱，脉搏跳动就是钟鼓，身体便是庙宇，两耳就是菩提"为她解惑，原来，她的身边无处不是宁静。事实上，很多看上去求而不得的东西，早已来到了我们身边，只不过是我们没有静心观察而已。

一个人如果总是一心想着要得到什么，他就会变得不安宁，以至于没办法静下心来，他会忘掉时间，忘掉工作，忘掉梦想，甚至忘掉自己。对于这样的人，我们说，他们需要一个"闹钟"，一个可以随时警醒他们的东西。否则，走了太久，忘了擦掉脚上落下的灰尘，当你再想踏入一座庄严的宫殿时，你会被拒之门外的。

生活中，我们常常感受到更多的是难以排解的无奈和遗憾。也许是因梦想得不到实现而压抑，也许是为事业不顺而心烦，也许是为感情纠结而痛心，也许是为得失而苦闷……但是无论如何，请不要忘记，你还有一颗可以调节所有"灰霾"的心，你的呼吸便是梵唱，脉搏跳动就是钟鼓，身体便是庙宇，两耳就是菩提，无处不是宁静。你所要做的只是，每天调整呼吸，擦拭双耳，提醒自己，让自己的心灵始终处于宁静的频道，让自己不会脱离轨道。

☕心灵茶社

糊涂的人每天靠麻醉和热闹来感觉自己的存在，聪明的人则会选择一个僻静的角落，卧薪尝胆，浸润身心，牢记最初的梦想。

静心倾听怀表的"滴答"声

我们不得不承认一个事实，那就是，生活在当今都市的人有一种强迫性思维方式。比如，我们下班后，思想还不能从工作中走出来，过去的点点滴滴会一直在脑中打转，未来的事情始终让自己感到困惑。这种强迫性思维方式让我们心中产生焦虑情绪。长久持续下去，我们就会感受到巨大的压力。而在这种压力下，焦虑情绪会越来越明显。最后形成恶性循环。直至把我们压垮。

因此，我们要想不焦虑，方法之一就是应该想法让自己的生活节奏慢下来，逼迫自己不再去想生活中的那些"琐事"，让思想放下包袱，活在当下，享受快乐的生活。

你看到这里会不会说：我也想慢，但怎么能慢下来呢？让生活节奏慢下来的秘诀只有两个字，那就是——静心。

　　一位很出色木匠，在自家院子里开办了一个加工作坊，聘用了几个木匠，开始做生意。大家都很能干，作坊的生意慢慢地红火起来。

　　他们整天忙碌，顾不上清扫院子，弄得院子里木料堆得乱七八糟，遍地铺满刨花和木屑。有一天，开作坊的那个木匠不小心将自己心爱的怀表弄丢了。他回忆丢怀表的过程，记得自己在丢怀表前没有出过作坊，活动的范围仅限于自己的院子，他想怀表一定是丢在了院子里的某个地方，便发动手下的所有木匠和自己的家人一起帮忙寻找。由于院子里到处是杂物，而怀表又是那么不起眼的一个小物件，大家从白天找到天黑，几乎把杂物翻了一遍，还是一无所获。后来，雇用的木匠们都回家了。这个人疲惫不堪，就一个人坐在院子里发呆。

　　他正在为丢了怀表惋惜不已的时候，他六岁的儿子出来了。儿子高兴地跳到父亲身边，手里拿着一块怀表给父亲看。木匠一眼就认出那个怀表正是自己丢失的怀表，十分惊喜，但是很奇怪怀表怎么会在儿子手里，便问："是不是你拿走了我的怀表？""不是，是我找到的。"木匠更加好奇，问："所有的大人用一整天的时间把院里翻了一遍都没有找到，你一个小孩子怎么能找到呢？快告诉爸爸，你是在哪儿找到怀表的？"

　　小孩子回答说："你们大家都收拾东西离开了，我就一个人坐在角落里，我不用眼睛和手去找，我用耳朵去听，'嘀嗒，嘀嗒'的声音告诉我怀表在哪个位置，我就顺着那个声音去找，把刨花和木屑一翻开，就找到了你的怀表。"

　　这个故事告诉我们静下心来，就能解决无头绪的事情。人的一生会遭遇很多事情，有一些事情是我们一时无法解决的。这时，我们的心就会被盘根错节的杂乱所困扰，不知该如何应对，从而产生焦虑情绪。如果我们遇到麻烦事能静下心来思考，就会恍然大悟，发现一切事都有其规律，有其不同的解决方法，心情也就会随之明朗，不再焦虑。

　　我们的工作中总是烦恼不断，家庭中充斥很多小矛盾，朋友之间时常误会，这些都会让我们的心情不愉快，让我们焦虑不已，静心说来容易做来难，要如何才能静下心来呢？静心的方法很多，最重要的一条就是顺其自然。人世间的不平之事太多了，倘若你总是看不惯一切，放不下一切，心中为实在解决不了的事郁闷，就会产生更多的烦恼。时间一长，不满意越集越多，内心就会越发烦躁。这样只会给自己徒添不必要的烦恼，使自己更加焦虑，形成恶性循环。当我们无法解决一些棘手的问题时，要给自己足够的时间来证实事件本身的正误，不要急于处理。等到了一定的时间，应该解决的问题总会有解决的办法。

　　我们一定要学会静心，不要过分追名逐利，不要哀叹世间不平，以平和的心态和淡雅的气度面对周围的一切，这样自然会心胸豁达，不再焦虑，吃饭也香，睡觉也甜。"宠辱不惊，闲看庭前花开花落；去留无意，漫随天外云卷云舒"，这是古人静心的写照。心静是一种人生的态度，一种对理性的追求。让自己的灵魂变得清净，就会让人生变得更美好、更幸福，也更有意义。心静了，自然不会苦闷，不会疲惫，不会有创伤。静心是治愈焦虑的良药。

　　在一个煤矿里，突然发生了一次意外塌方事故，矿井下的所有设施完全瘫痪了，几个矿工被围困在矿井最底端的坑道里。时间一点点地流逝，他们头上的矿灯也相继没电，一个接一个地熄灭了。被困的矿工在漆黑的世界里不断摸索着，奋力寻找自己的出路。但是根本辨不出方向，他们最终也没能找到出口。筋疲力尽的他们，不得不找个地方歇息一下，大家都陷入了绝望之中。

一个年长的矿工打破大家的沉闷，建议道："现在，上面一定知道了我们的情况，正在想方设法营救我们出去。大家与其盲目地乱找乱走，不如都静静地坐在这里别动，说不定我们能感觉到风的流动方向，然后确定矿口的方向，找对方向我们就能出去了。"

于是，他们就坐在那里不动。过了很长时间，他们变得敏感起来，慢慢地，大家都可以感觉到一丝微风从自己面颊上轻轻拂过。他们兴奋了，赶紧站起来，向着风来的方向走去，终于找到了矿口。

内心的烦躁让他们徘徊在死亡线上，因为静下心来，他们获得了重生。在生活中，我们遇到麻烦的事，也要首先让自己不慌张、不急躁，学会给自己减压。这样就会让压力得以舒缓，把正在受压的事情避开。

我们身处社会的大环境中，工作中肯定会遇到自己力所不及的事情，经历各形各色的压力，这些都是不可逃避的问题，关键看我们用什么样的态度去面对一切。让自己静下心来，是我们处理压力事件最基本的条件，我们可以用深呼吸平稳自己的情绪，也可以通过听音乐和阅读去消除焦虑心态。

我们在忙碌的生活和工作中，要学会调节自己的情绪。大多上班族都面临着沉重的工作，工作中遇到不顺心的事时就会出现焦虑，这是我们不会自我调节造成的结果。因为如果学会了自我调节，就会忙中有序，让工作变成一件轻松的事。例如，当工作中有很多事情需要处理，我们感到手忙脚乱的时候，可以拿来一张纸，把所有事情列下来，分析事情的重要性和复杂程度，然后确定先干什么后干什么，哪些事情可以转交给别人做。

自己心里有了明确的行程安排表，混乱的感觉就会好转很多。另外，不同的时间段我们适合做不同的事情，所以，不要在同一时间段要求自己应付多种事情，这样自己所承受的压力自然会减轻。

过于忙乱的生活会产生压力，若不懂静心，不能专注，就会出现焦虑情绪。要知道，专注能改善工作效率，忙乱的感觉就会消失。"静中得力"，这是中国的一句古话。也是很正确的，因为只有静下心来，我们才能不再去分心去关注其他的事，把自己的力量集中在一起，把精神专注在一件事情上。

要想让自己静下心来，我们还要亲近大自然，比如踏青和郊游，都是很好的选择。另外，我们还要给自己一个优质健康的身体。如果精神不健康就会影响工作效率，对事情的抗压能力也会下降。好的睡眠、好的饮食和好的运动习惯，都是健康的基础。

☕ 心灵茶社

1. 放松身心：平和的心态是解决问题的基本条件，看淡一切，就不会再焦虑。

2. 接受情绪：接受自己的情绪，无论是好的还是坏的，把心放宽，心胸豁达了自然不再焦虑。

3. 学会调节：学会调节是静心的基本方法，调节自己的情绪做到不焦虑，才能走向美好未来。

第二章

摆不正心态，万般烦恼皆来找

为何你总是自寻烦恼？

"世上本无事，庸人自扰之"，很多事情并没有我们想象的那么糟糕，有些事情本来不应该放在心上的，有的人却把它当成无法排遣的烦恼，整天愁眉苦脸的。事情还没有发生，我们就被自己可怕的想象给打倒了，这就是自寻烦恼。

人要想身体上没有毛病，基本上是做不到的，但是心理上的烦恼是可以自行控制的，只要不断提高自己的修养，让自己有一定的思想境界，就可以做到不忧心于未发生的事。有些人目光短浅，无论遇到什么事情都会很在意眼前的利益，这种患得患失的做法就是自寻苦恼，本来没有多大的事儿，却表现得异常重视，使自己烦恼不已。

没有人喜欢备受烦恼的煎熬，大家都希望每天都是快快乐乐的，所以每个人都在想方设法逃避一些让自己不快乐的事情，不断地追求快乐的生活。但是，烦恼却还是难以摆脱，而且所追求的快乐到最后也变成烦恼了。这是因为，追求快乐是要付出代价的，否则，快乐就会成为一种"债"，烦恼会紧随其后。

很多时候，我们的心情不够乐观、心胸不够豁达，经常在成功者面前自叹不如，感觉自己是一个失败者，无地自容，抱怨上天不公，这样就永远不会快乐。要想不烦恼，必须卸下心中的石头。

有一个农夫，驾着自己的船给河下游的村庄送货物。当时刚好是夏季，天气很热，农夫汗流浃背，心里也很急躁，只希望自己能尽早到达对岸，完成任务就可以回家冲个凉水澡，让自己凉快一下了。

突然，他发现从对面过来一只船，正以很快的速度向自己撞来，眼看那只船就要撞上自己的船了，竟然没有一点避让的意思。农夫很生气，对那只船喊叫："让开，再不让开就相撞了。"但是，他的喊叫没有一点作用，他手忙脚乱地想让自己的船改变方向，但是为时已晚，两只船撞在了一起。农夫彻底被激怒了，他大声吼道："你会不会驾船啊，这么宽的河，你竟然撞到我的船。"当农夫想找驾船人的时候，却发现船上竟然没有人。

在很多情况下，当你烦恼的时候，也许造成你有这些不良情绪的只是一只"空船"。很多事情并没有我们想象的那么糟糕，把一只"空船"当成仇敌，为之动怒值得吗？

在生活中，难以避免会出现一些烦恼的事儿，有些是外界环境带给自己的，我们必须正视，大多数困惑和焦虑源于我们内心，这就是所谓的"自寻烦恼"。

有一个和尚，他每次打坐的时候，都会感觉有一只蜘蛛在和自己捣乱，不管他怎样驱赶，蜘蛛都不会离开。于是，他把这件事告诉了师父，师父给了他一支笔，告诉他，蜘蛛再打扰他的话，就用笔在蜘蛛身上做个记号，看看蜘蛛到底是从什么地方来的。那个和尚很听师父的话，就在蜘蛛身上画了一个圈。很快，他就感觉蜘蛛离开了，于是心里踏实多了，当他打坐完毕，睁开眼睛一看，那个圈竟然在自己的肚皮上画着。

我们总是喜欢把过失推给别人，其实，很多时候毛病就在自己身上。自身的毛病是很难发现的，更难以用笔把它"圈"起来。很多事情还没有发生，自己在心里把它想象得很可怕，无异于自寻麻烦。

为了研究"烦恼"的根源所在，心理学家曾做过这样一个实验：每一个实验者在周日晚上把自己一周内所有烦恼全部写在纸上，然后投入到一个箱子里，过了一段时间，让所有实验者再次核对自己的"烦恼"，结果发现有百分之九十的"烦恼"并未发生。然后，每个实验者再把自己真正的烦恼写在纸上放入箱子，过一段时间后，再次核对自己的烦恼，发现当初的烦恼已经不再是烦恼。烦恼这东西原来是预想的很多，出现的却很少。

心理学家对"烦恼"做了深入的研究，得出的结论是：一般所忧虑的烦恼中有百分之四十属于过去，百分之五十属于未来，只有百分之十属于现在，其中百分之九十以上的烦恼并没有发生过，剩下的部分也是很轻易就能对付的。因此，可以看出，忧心于未发生的事是自寻烦恼。

烦恼就像是一根被打结的绳子，一头连着自己，另一头连着他人。我们如果总是自找苦吃，和烦恼过不去，绳子上的结就会越来越紧，烦恼也会越来越厉害。我们在烦恼中花费了大量的精力和时间，又怎么会有热情投入到工作中去呢？又怎么能快速地实现我们的理想呢？我们应该学会避让烦恼，让它们在自己身上只做片刻的停留，是解开"结"的最好方法。

世界上最宽广的是海洋，比海洋更宽广的是天空，而比天空更宽广的是人的心灵。的确，只要做到心胸辽阔澄明，就不会有那么多烦恼。诚然，不是一切烦恼都是我们自找的，虽然有很多外因条件，我们自身的内因才是烦恼的最重要因素。倘若做到心灵一片光明，所有的烦恼就会远离我们而去。人生是一段旅程，我们都是匆匆的过客，与其在烦恼中度过，不如把握好自己的一切，不自寻苦吃就会拥有一个美好的人生。

心·灵茶社

> 生活在这个世界上，人会有很多烦恼，并不是世上有太多的烦恼，很多时候烦恼都是人们自找的。有些"烦恼"本是芝麻绿豆般的小事儿，却被我们想象成大事，而且经常把事情往坏处想，这样一来，那些还未发生的小事就成了烦恼的根源。我们要想生活得轻松快乐一点，就不要自寻烦恼。

心态有问题，生活就会出问题

　　人生有顺境也有逆境，有巅峰也有低谷，我们不应该因为顺境或巅峰而趾高气扬，也不应该因为逆境或低谷而垂头丧气。有时候，逆境和低谷只是人积淀自己的一个阶段，是人生中的考验，只要心里有坚定的信念，全面分析自己当下的处境，并且坚持不懈地走下去，就一定能成为一个强者，让人生从低谷走向巅峰。

　　我们不能改变自己所处的环境，但是我们可以改变自己的心态，不能改变别人却能改变自己，有时候，我们不能因为所处环境和别人的因素而消极悲观，我们要学会从另一个角度看问题，这样一来，许多问题就会迎刃而解。

　　每个人都喜欢听到别人的赞美，尤其是当着众人面的赞美，即便赞美得太夸张，很多人感觉不真实的时候，被赞美的人还会记住你的好，这就是人的本性。因此，当我们因为某一件事情而不能说服某一个人的时候，我们可以换一个角度去处理问题，可以从那件事的优点去突破，就可能让那个固执的人逆转自己的想法，甚至会觉得你的建议和意见真的很好。如果我们为人处世的时候，以自我为中心，只要感觉自己的是正确的就固守己见，很可能会让别人不能信服，我们应该多从其他角度去分析问题，就会达到"变则通"的目的。

人心的反应是动态的，会随着接收到的信息而不断变化，永远不可能认定一件事情就无法改变，因此，心里的反应在一定程度上影响着我们的情绪。随着外界的影响，我们的心有时候会处于兴奋状态，有时候会很低迷，有时候会很激情，有时候又表现得消极悲观。因此，我们要保持身心健康，换个角度看待问题，以此来调节内心的平衡，这一点是尤为重要的。生活和工作中，每个人都会遇到烦心的事情，如果我们从另一个角度看问题，心情就会大不一样。

我们要赶早上班，虽然天天过得很忙碌，那是因为我们有事业；每天的时间都很紧迫，要匆匆赶往公司，这样可以锻炼身体，培养自己的紧迫感；每天都有很多工作要去处理，这说明老板比较器重你，让你在压力下提升自己的能力；工作让人疲惫不堪，这可以让你夜里睡觉更香，可以提醒你合理安排时间，可以促使你想法改变现状……

每一件事情都能从另一个角度找出积极的一面，我们不应该生活在消极悲观的情绪中，应该让自己走出来，感受生命的美好。只要我们坚持培养自己从另一个角度看问题的良好习惯，就一定能从消极悲观的情绪中走出来，就不会轻易受到外界的困扰，这样就能生活得幸福快乐。

有一位老大娘，有两个儿子，大儿子是卖遮阳伞的，二儿子是卖雨鞋的。于是，老大娘晴天也发愁，雨天也发愁，因为晴天的时候二儿子的生意就变得不好了，阴天的时候大儿子的生意就不好了。有一天，一个邻居说："你这是好命啊，晴天的时候大儿子的遮阳伞生意红火，阴天的时候二儿子的雨鞋生意红火，你们家天天都有生意做。"老大娘一听，恍然大悟，从此再也不发愁了。

任何事物都存在正反两个方面，"祸兮，福所倚；福兮，祸所伏"，"福"与"祸"两者之间并没有绝对的区分，只是一种结果上的指向，并不是由事物本身决定的，会出现怎样的结果完全取决于我们思考问题的角度。

有两个罪犯，被同时关进了一间牢房里。那间牢房阴暗潮湿，只有在最顶上有一个小小的窗户。两个人同时对着上面的小窗户看了看。一个人悲观地说："哎，牢房就这么一个小小的窗户不说，窗外还一直飘着落叶，真的很凄凉。"一个人乐观地说："这间牢房阴暗潮湿，幸亏还有这个小窗户，夜里可以透过窗户看满天的星星。"

即便是同样的遭遇和同样的环境，悲观的人和乐观的人对事物的看法也是不一样的，乐观者善于换一个角度看问题，所以不管处境再恶劣，也总能保持乐观。

当我们生病的时候，情绪低落也许不会让我们的病情更加严重，而积极的情绪却有助于恢复健康，所以，生病的时候最应该从另一个角度看问题，我们可以发现生病能给自己带来很多好处：在健康的时候，很多问题我们都不曾意识到，更不曾想过，由于生病的缘故，我们可以想到那些问题，还可以静心思考，很可能我们能因为生病发现远比自己已经拥有的东西更有价值的东西。

我们应该从乐观积极的角度去看待问题，这样就能看到希望的存在，可以使我们精神振奋。如果我们凡事都从悲观消极的角度去看待问题，看到的就只会是失望。同样一件事情，不同的角度能看出不同的结果，我们要想生活得开心快乐，就不能靠命运的恩赐，要靠自己心态良好，能控制自己的情绪，从而掌控自己的生活。

☕**心灵茶社**

> 人的一生免不了会有磕磕绊绊，我们产生痛苦的并不是问题本身，而是我们看待问题的方法，很多时候，只要我们从另一个角度看问题，就可以感受到轻松，所以，我们不妨跳出自己以往的思维定式，这样就不会有那么多烦恼和痛苦，就会活得超越和解脱。

别做"忧天"的"杞人"

"天下本无事，庸人自扰之"，我们不应该胡思乱想，就算不幸真的降临到自己头上，也会有无数双热心的手帮助我们共度难关。消极悲观是没有任何用处的，不但把自己搞得很痛苦，也会让我们身边的亲朋跟着我们一起痛苦。

古时候，有个杞国人，整天喜欢胡思乱想。有一天，他突然想到，万一天塌下来的话，地就会陷落，那自己应该怎么办呢？于是，他有点害怕了，整天忧心忡忡的，吃不好，也睡不香。这个时候，有一个热心人看到他那个样子，就开导他，跟他解释说天是不会塌下来的，地也不会陷下去。最终，那个杞国人压在心中的"巨石"卸掉了。

其实，天永远塌不下来，地虽会陷，但是杞国人没必要为这些子虚乌有或者不能控制的事情而烦恼。

古有杞人忧天，现在"杞人"的影子也无处不在。他们整天都在为一些子虚乌有的事情犯愁，郁郁寡欢，自己跟自己过不去，这种人整天生活在悲观消极之中，没有心思去做自己该做的事情，他们只关心一些不一定会发生，甚至根本不会发生的问题，久而久之，精神就会出现问题。

经常为一些不一定发生或者不会发生的事情而忧虑，时间久了就会变得神经质，大概会出现以下几种情况：

第一种情况是对那些生活中根本不可能发生的事情忧虑，就像杞人担心天塌下来一样。

把大好的时光耗费在不可能发生的事情上面，把自己弄得整天忧心忡忡，这样的人只能用两个字来形容：愚蠢！

第二种情况是担心发生概率很小的事情会落在自己身上。比如，"非典"时期，有些人整天都战战兢兢的，怀疑自己已经染上了"非典"，由于情绪过度紧张，免疫力就下降了，于是得了感冒，体温就会有小的上升，一时感觉自己的末日到来了，整天都生活在恐惧之中。实际上，这种情绪比"非典"更可怕，"非典"还能通过药物控制而总是担心自己已经患上"非典"，心情极度郁闷，吃不好，睡不香，身体就很有可能患上其他更严重的疾病。

再比如，有个人听说天上的星星会落在地球上变成陨石，就整天担心自己生活的地方有一天也会掉下来一块陨石，可能会砸着自己，于是，整天担惊受怕，郁郁寡欢。即便真的有陨石掉下来，砸着人的概率也很小，这种人不被陨石砸着，就已经自己把自己搞垮了。

第三种情况：对自己的期望值过大，自己的能力明明不能挑起某一项工作，却偏偏要逞强去做，这样就会把自己弄得很累，这种勉强自己的做法也是"庸人自扰"。

有的人心比天高，自己的能力只能当一个小小的职员，却把自己放在管理阶层的位置上，一天到晚忙忙碌碌，还总是担心自己在工作中会出现差错，怕被别人瞧不起。这也是造成忧虑的原因。有的人喜欢写点小文章，便把自己当成一个大文豪的材料，总想着有朝一日写出一部闻名于世的大作，结果却达不到，最后一蹶不振。期望值过大就会担心自己做不好，这样苛刻地要求自己，然后又担心自己达不到那个高度，最后把自己弄得很累，又是何必呢？

第四种情况是对可能发生的事情，或者发现某一件事情的发生已经具备了一定的条件和因素，但是不一定必须发生，也同样表现出担心和忧虑。

比如，一个人总感觉别人对自己有意见，于是上班的时候不好好做自己的工作，而是一门心思窥测领导和同事之间的谈话，看看同事是否说自己的坏话，看看领导是不是赏识自己。这种人整天用怀疑的眼光看别人，心情必然会因为怀疑而郁闷，生活怎么可能过得开心呢？

虽然同事和领导之间的谈话可能涉及你，但是别人说你的坏话一定存在客观条件，只要在日常工作中处理好同事之间的关系，就不用在担心同事在你背后向领导打小报告了。我们不应该担心那么多，而是应该研究一下怎样处理好人际关系，如何取得同事和领导的信任。整天琢磨别人会怎么看自己，时间久了，就会变成神经质，对自己的身心造成严重的损伤。

当我们认为自己有神经质的时候，大多是因为我们为未来的事情而忧虑，总感觉可能发生的事情会很可怕，其实，有些让我们感觉可怕的事情本身就是不可能发生的，我们完全没有必要为了这些事情而忧虑，这样会影响身心健康。未来会有很多会发生和不会发生的事情，这些都是未知的，我们为此担忧有何意义？要想控制自己的人生，就应该多学知识，不断地充实自己，做好防范，而不是做无谓的担忧。

当不幸降临到我们头上的时候，我们应该积极去面对，天永远不会塌下来，我们只是遇到一点小小的挫折而已，有什么可怕的呢？当我们不再悲观消极，而是勇敢地面对生活中的磨难，不幸自然会悄悄地溜走。不再做"杞人"，不要自暴自弃，勇敢面对一切，生活中就没有解决不了的问题。

心灵茶社

我们生活的这个社会，竞争日益激烈，是否有良好的心态，对一个人的发展是至关重要的，我们应该防止盲目性和片面性思想左右我们的言行。对于那些无法认知的问题，我们不要感觉它一定会给自己带来麻烦，更不要让自己无休止地为一些不会发生的事情而忧虑。

一件小事，不值得让人抓狂

生活中会有很多不如意的事情，如果碰到的多了就免不了烦恼，从而弄得自己生气，甚至会在一气之下做出冲动的事情，不仅伤害了别人，也伤害了自己。其实，生气是可以自行控制的，这就是为什么对于同一件事情，有的人会暴跳如雷，而有的人会怡然自得，丝毫不放在心上，所以说，为小事而抓狂是在跟自己过不去，是一种自我虐待，除非你感觉生气是生活中的调味品。

人生是短暂的，我们不应该为一点鸡毛蒜皮的小事而耿耿于怀，这些小事只会浪费我们的时间和精力，不值得我们为之生气。

有一只骆驼，在沙漠中无力地行走着，炎热的太阳把它晒得又饿又渴，于是它肚子里憋着很多火，不知道该往什么地方发。就在这个时候，它的脚被一个玻璃片划伤了，骆驼看着玻璃片，满眼的怒气，然后狠狠地朝玻璃片踢去。玻璃片被踢出很远，但是骆驼的脚也被划了一个更深的口子，这下，骆驼更加来气了，顿时火冒三丈，但是，鲜血并没有因为它的怒气而止住。骆驼带着伤继续前行，身后留下一串血痕。

血腥味引来了秃鹰，它们不停地在天空盘旋着，等待着合适的机会以便向骆驼发动攻击。一条狼也闻到了血腥味，一路跟着骆驼，也在等待合适的机会进攻。

这个时候，骆驼心里开始害怕了，于是也不管自己的伤势了，一路狂奔起来，到了沙漠边缘的时候，它已经变得疲惫不堪了，在仓皇中跑到了食人蚁巢穴附近。食人蚁闻到了血腥味便倾巢而出，一下子把骆驼包围了。很快，骆驼就倒在血泊中。直到临死的时候，骆驼才清楚自己的错误，于是追悔莫及地叹道："我为什么要跟一个小小的玻璃片生气呢？"但是，这一切已经太晚了。

这样的例子在生活中也经常发生，有些人因为一点小事儿而发火，最后伤害了自己，等到真正面临严重后果的时候，才发现都是因为自己的一时之气造成了无法挽回的后果。

为小事抓狂的人总是让别人有机可乘，历史上的很多人物就是因为易怒才导致事业失败，甚至赔上自己的性命。关键时刻能保持冷静是成功的重要因素，那些动不动就发火的人会将自身的弱点暴露出来，让别人给自己致命的打击。

经常为小事而生气是一种愚蠢的表现，如果一个人很容易生气，难免就会有些事情做不好，甚至得罪别人，所以，我们做事的时候不能意气用事，更不能生气，因为这样根本解决不了问题，生气只能给自己招来无谓的烦恼。

当我们有怒气的时候，不要总是埋怨别人，不如好好反省一下自己，因为很多时候生气都是由自己造成的，只要多从自己身上找原因，经常自我反省，就能够认清自己，不再为小事而抓狂。要想不为小事而抓狂，我们就要做到以下几点：

首先，要调整一下自己的思想，时刻提醒自己不要为生活中的小事而抓狂，我们应该去想想事情好的一面，试着延缓自己发怒的时间。如果你的脾气很暴躁，遇到不顺心的事情就会立即发怒，可以让自己延缓1分钟，再以自己一贯的方式爆发，下一次就延长到两分钟，不断地加长延缓时间，如果发现自己能够控制延缓时间，那就说明已经可以控制自己了。所以，经常为小事抓狂的人应该学会控制自己并多加练习，这样就能逐渐消除自己的生气情绪。

其次，人与人的生活方式和追求不同，每个人都有权成为自己理想中的自己，我们没有资格要求别人按照自己的意愿做事，那只是自己跟自己过不去。当我们生气的时候，不要总想着让我们生气的人，而是应该靠近能给我们安慰和温暖的人，找到安慰和温暖，消除心中的怒意。

最后，喜欢为小事儿抓狂的人应该把自己所经历的事情记下来，明确标出自己生气的时间、地点，当我们心平气和的时候，再去翻看自己记下来的东西，就会发现那些事情根本不值得自己生气。

世界上有很多不如意的事情，但是我们还是要去做事，还要去接触我们不想接触的人，没有人能够做到与世隔绝。为了让自己在这个繁杂的世界上少一点烦恼，生气的时候应该努力调整自己的情绪。如果能控制好自己的情绪，做到喜怒不形于色，就能做最快乐的自己，这才是人生想要的东西。

我们的生气绝大多数都是由自己造成的，当我们遇到不顺心的事情时，应该先让自己静下心来，然后试着接受生活中的不公平，这样就能减缓生气的情绪。如果能控制好自己的情绪，我们就不会被生活中的小事儿牵着鼻子走。

☕ 心灵茶社

> 　　生活中，每个人都会面临不如意的事情，如果每一件小事都能让我们抓狂，我们就会在烦恼中度过一生。为小事儿生气就是跟自己过不去，只要我们不断地完善自己，尽量克制自己的情绪，就不会遇事就发火。

学会容忍生活中的"吸血蝙蝠"

随着人们对健康水平要求的不断提高，不仅是身体健康受到人们的重视，心理健康也越来越受到重视。

美国的一些心理学家做了一个实验，他们抽取正在生气的人的血液，然后注入正常的小白鼠体内，并观察这些小白鼠的反应。注入血液初期，小白鼠表现得相当呆滞，研究人员喂它们食物，它们都不吃，没过几天，小白鼠一个一个地相继死去。

心理学家们通过分析认为，人在焦虑、抑郁、恐惧等负面情绪下，体内的生理反应也相当剧烈。因情绪而产生的分泌物比情绪本身更复杂，具有很强的毒性。如果一个人长期被负面情绪所困扰，就会患上生理和心理的双重疾病。

在现实生活中，有些事情是我们无法避让的。越是害怕，不想让它发生，它就越可能发生。如果我们无所畏惧，勇敢地面对一切，就会发现事情其实并没有想象的可怕。

一位非常富有同情心的商人带着一个仆人去市场查看自己的生意。市场上人很多，仆人在熙熙攘攘的人群中紧紧地跟在商人后面。突然他感觉有人在他身后扯了一下他的衣服，于是他回过头来，他看到了死神。

仆人赶紧追上商人，全身发抖地向主人诉说刚才的一幕："你知道我刚才看见什么了吗？我看见了死神，他用奇特的表情看我。"

商人并没有问太多细节，等到天稍微晚一些，他再次走到市场，看到死神还在这一带走来走去，于是走向前去，向死神问道："你到底要做什么事情？"

死神看了商人一眼，回答说："我这次来的任务是从这个城市里带走一百个人。"

商人听了，浑身一颤，说："你太可怕了！"

死神说："就像你经商一样，这是我的工作。既然来了，我就要完成我的任务。"

商人告别了死神后，把这个消息告诉了自己所遇到的每一个人：死神来了，要带走一百个人，请大家注意，并相互转告。

第二天早上，商人在市场又遇到了死神，他很愤怒地质问死神："你明明说要从这个城市带走一百个人，为什么一夜之间有一千个人死去？"

死神看了看商人，用平静的语气回答道："我从来不喜欢加大自己的工作量，也的确是按照昨天和你说的那样去做的。我只带走了一百个人，其他的人是被恐惧和焦虑带走的。"

由此可见，恐惧和焦虑是多么严重的问题，可以与死神的作用相提并论。实际生活中，我们每天都会有不良情绪，但实际面对的困难没有想象的严重。大多数时候，我们并不是输给了事物本身，而是输给了对事物的畏惧。可见，面对不良情绪，我们要很好地去正视它、克服它，让自己能勇敢地去战胜它。

在古代，一位阿拉伯学者曾把一只母羊一胎所生的两只小羊放在不同的环境条件下，观察它们的生活。一只羊跟随着羊群，在一个水草丰美的地方生活；而另一只羊的活动范围内则被拴了一只狼。每当那只羊看到狼的时候，就会意识到眼前的野兽在对自己构成很大的威胁。于是，它整天生活在极度惊恐的生活状态下，慢慢地，它吃不下东西，不久就死了。

后来，医学心理学家又用狗做了一个实验，把一只狗关在一个铁笼子里，让另外一只狗在笼子外面啃骨头，笼子里的狗表现出忌妒、烦躁和愤怒的情绪，产生了神经性的变态反应。

随着生活和工作的压力不断增大，人们的烦恼越来越多，不良情绪也越来越多。如果任由这些情绪积累，到了一定的阶段，就会患上焦虑症。

产生不良情绪是很正常的事，每个人都会有情绪，关键是我们要学会驾驭自己的情绪。而控制自己情绪的最好的方法是给自己的不良情绪筑建一个"闸门"，调节自己的情绪，做到趋利避害，让正常的情绪充斥自己的工作和生活，避免遭到焦虑的困扰。

在辽阔的非洲大草原上，有一种不起眼的吸血蝙蝠，身体极小。它们攻击野马的时候，常常会附在马腿上，用自己锋利的牙齿刺破马腿，把尖尖的嘴插进去吸血。

野马受到外来的攻击后就会乱跳、狂奔，但是并不能驱走蝙蝠。蝙蝠总是从容地从这个部位又飞到那个部位，直到吃饱才肯离去，野马则会在暴躁中慢慢流血致死。蝙蝠吸食的马血对野马来说是微不足道的，远远不能使野马死亡，野马死亡的真正原因是自己狂奔造成大量流血而导致的。

人也是如此，在生活和工作中，我们难免会遇到不顺心的事，如果心里不能容忍，就会产生焦虑，对自己的健康造成严重的危害。容易生气的人很难长寿。所以，因一些小事大动肝火，拿别人的过失来伤害自己的人，会落个"野马结局"。

世界是很奇妙的，这一秒永远不知道下一秒要发生什么，我们不能因外界因素影响自己的心情。与其焦虑不安，不如以平常心来看待问题。心态好了，即便实力不如别人，也可以取得最后的胜利。

☕心灵茶社

不良情绪会让我们产生焦虑。我们应该学会找出不良情绪的原因，正确认识自己，阻止不良情绪的蔓延。我们应该加强自身修养、提高心理素质，让自己的心胸变得更开阔，做到"不以物喜，不以己悲"，增强自身对不良情绪的免疫能力。

生活不易，请别跟自己较劲

人生在世，生活中发生的很多事情是事先难以预料的，我们不能控制自己的机遇，却可以掌握自己命运。我们无法预知未来事情，却可以把握现在。谁也不知道自己的生命是长是短，要想自己的生活变得充实而有意义，我们就应该好好安排自己的生活。只要我们还活在这个世界上，就有希望，人生不易，别跟自己较劲。

生活中难免会出现一些烦心的事儿，人的苦恼不在于获得多少，而是以为自己能得到更多。很多时候人的欲望很大，但是自己的能力又不可能达到，所以就经常苦恼，折磨自己，怨自己太笨。这实际上是和自己较劲，静下心来想一想，生活中的很多事情本来就不是凭一个人的能力就能做到的，不切实际的愿望根本就不可能取得成功。世间的任何事情都有一个限度，我们应该尽力发展自己能力所能及的优势。

凡事不跟自己较劲，这是一种精神的解脱，会促使我们淡定地选择适合自己的道路，做自己喜欢做并且能够做成的事情。假如做事的时候因为犯错而变得不知所措，心里不舒服，就不必再逼着自己去做，不要跟自己较劲，要学会原谅自己，让自己的心里少一点"我不行"的阴影。

当今社会，较劲只能使事情适得其反。

一日，青蛙和蜈蚣相遇了。青蛙很好奇地问蜈蚣："你是百足之虫，我很好奇，不知道你走路的时候先迈哪条腿。"蜈蚣想回答青蛙的话，但当它思索自己先迈的是哪一条腿的时候，突然动弹不得了。因为，蜈蚣每次走路的时候都是按自己的本能去迈步，从未刻意分出先后，现在问它先迈的是哪条腿，它反而不知所措了。

蜈蚣的这种状态就好比我们的生活，到处都是不易察觉的琐碎，假如想理个头绪出来，常常会越理越乱。我们在追求美好生活的同时也要迎接生活中的各种挑战与考验，刻意去探寻生活的究竟没有顺其自然地生活来得舒服。

有这么一个"顺其自然"的故事：

禅院的花园里光秃秃的一片，显得很没有生机，小和尚看在眼里，就对师父说："师父，我们撒些草籽吧，花园变成这个样子太难看了。"

师父回答道："现在不急，等我有空了，我会去买些草籽回来的。草籽是什么时候都能撒的，不急这一时半刻。一切随时！"

接近中秋节的时候，师父把一包草籽交给小和尚，对他说："好了，你现在可以把草籽撒在花园里。"小和尚便拿着草籽去花园，但是风很大，小和尚一出手，草籽就会随风飘。于是，小和尚连忙告诉师父，说："师父，情况不妙，好多草籽都被风吹走了。"

师父对小和尚说："吹走的种子大多都是空的，没有什么关系。即使不被吹走，也不会发芽，没有什么可担心的。一切随性！"

草籽撒上不久，小和尚发现有很多麻雀飞来，在花园里专挑草籽吃，这让他很着急。于是，他又跑去告诉师父，说："花园里的草籽快被麻雀吃光了，这样下去，明年花园还会是一片秃地。"

师父说："没关系的，草籽很多，麻雀是不可能全部吃掉的，放心吧，明年就会长出小草。"

夜里，突然下起了滂沱大雨，小和尚无法入睡了，很担心草籽会被全部冲走。第二天，天一亮他就跑到花园，发现草籽真的都不见了。他赶紧把这一情况告诉师父："昨天的大雨把草籽全部冲走了，怎么办啊？"

师父不慌不忙地说："草籽被冲到哪里就会在哪里发芽。一切随缘！"

没过多久，果然有许多青翠的草苗破土而出，原来没有撒草籽的地方也是绿油油的一片。小和尚高兴地对师父说："太好了，我种的草籽都发芽了。"

师父拍拍小和尚的头，说："一切随喜！"

故事中，小和尚因为外界的影响而患得患失，不是害怕种子不落地，就是担心种子不发芽，师父却表现得很淡定，不刻意去强求，最终也获得了自己想要的结果，通过这个故事，我们可以看出，懂得不跟自己较劲就不会有那么多烦恼。

有的时候，我们做事总是追求尽善尽美，于是就绞尽脑汁去做事，最后弄得自己筋疲力尽。仔细想一下，这又是何苦呢？我们遇到自己过不去的坎儿，与其跟自己较劲，不如顺其自然，只要放松身心，说不定就会柳暗花明又一村。开心也是一天，不开心也是一天，遇到事钻牛角尖就会把自己搞得烦恼不已。凡事不要刻意强求，只要自己把心态放平和，快乐就永远属于自己。

每个人的生活都是由很多大大小小的事情组成的，我们无法做到每件事都尽善尽美。我们做事的时候，有成功就会有失败，有得意之作就会有败笔，有艰辛的追求过程也会有收获时的快乐。一时的成功或者失败，对于我们的人生，又算得了什么呢？当我们遇到过不去的坎儿时，不要跟自己较劲，只要我们做到这一点，就会化解自己的痛苦。

凡事不跟自己较劲，就会像一剂良药抚慰受创的心灵，就像一把钥匙打开黑暗的大门，就像一缕清风拂摸疲惫的身躯，就像一汪清泉滋润干涸的心田。不和自己较劲，就会活得很开心，心情好了，做事情就会很顺，一些之前解不开的疙瘩就不再是问题，我们可以很轻松地完成看似很艰巨的任务。

人与人是不同的，每个人都有自己的优点，我们没必要要求自己一定要超过谁，能够每天有所收获就好。每个人的能力都是有限的，不要跟自己较劲，做不了的事情完全可以不去做，与其追求做不到的事情，倒不如静下心来，做一些力所能及的事情。

心灵茶社

人的能力和精力是有限的，我们做事的时候不应该患得患失，生活中的有些事情是我们做不到的，我们不应该跟自己较劲。做不到的事情不要刻意去强求，能把力所能及的事情做得完美无缺就是最大的成功。别跟自己较劲，生活中就会多几分轻松与快乐。

第三章

管不好情绪，负能量会淹没你

管好情绪，才能掌控人生

我们先来看这样一则故事：

从前，一位老者背负着一个砂锅前行。半路上，拴着砂锅的绳子断了，砂锅掉在了地上摔破了，可老者像什么事也没有发生一样，头也没回，仍然径直往前走。路人很是不解，于是喊住老者说："你不知道你的砂锅碎了吗？"

老者淡然地回答："知道。"

路人又说："那你为什么不回头看看呢？"

老者说："已经碎了，回头又有什么用呢。"

老者说罢，又继续赶路。

这个老者是对的，既然砂锅已经碎了，回头看又有什么用呢？这正如人生中的许多失败一样，既然失败已经无法挽回，再去惋惜悔恨也于事无补。与其在痛苦中挣扎浪费时间，还不如重新找到一个目标奋发努力。所以在生活中，让我们学习一下那个老者吧，不要为失败做无谓的自责和叹息。学会放弃，超越自己，拥有一种战胜自我的强者姿态。

一位美国心理医生接待了一位焦虑症患者。这位患者曾经是一名出色的建筑设计师，干这一行已经有许多年了，他曾为曼哈顿的摩天大楼建造出了不少力。但是，他自己却没有丝毫的成就感。让人无法理解的是，他甚至对医生说："我现在十分痛恨自己，有时竟然想从建筑工地的高楼上跳下去，一死了之。"

为了帮助他，医生详细地询问了他过去的生活状况。在医生的询问下，这位建筑设计师打开了压抑多年的心灵，滔滔不绝地谈起了自己失败的人生经历。

这一切似乎是很矛盾的，因为现在他已经取得了很大的成就。在建筑业萧条的时候，他当上了建筑设计师，这一干就是好多年。他也找到了自己爱的人，结了婚，现在已经是五个孩子的父亲。而他的子女也十分优秀，长女现在在一所不错的大学学习。但是，他却来找心理医生，希望能得到帮助。

在了解了这些后，心理医生对这位建筑设计师说："亲爱的先生，我想您应该改变自己的思维。你曾经失败过，但是你想想，每个人都会有失败，你为什么就不能有失败呢？多年来，你工作稳定，并且娶妻生子。你用自己的辛苦的劳动所得来养育孩子，看着他们一天天成长。你想这不是成功又是什么？要知道，你的成功远远大于你的失败。你要把过去的失败放下来，应该看到自己的成功之处。"

建筑设计师的脸上掠过一丝笑容，他说："但是，我似乎从来没有这么想过。"

"别再对曾经的失败依依不舍了。"心理医生说，"你已经成功了，想想这些成功吧。这样做了，你就能开始享受生活，你就会笑得更多。"

我们知道，行走于人世，我们每个人的旅程都不可能是一帆风顺的，所以，对失败和不幸，最具智慧的处理办法就是——学会放手。学会对过去的不幸和失败放手，这样就会使自己在心理上不负担过重的压力，让自己能把精力投入到更有意义的事业上来。

如果一味地将失败刻在心里，时间长了就会成为无法抹去的阴影，让自己永远地痛着。这种痛会使人丧失许多快乐和美好的东西，会成为阻碍你前进的绊脚石。失败就像一块巨石压在你的心上，而且，如果一直这么压着，这块石头的重量就会越来越重，终有一天会压得你轰然倒下。

那是在1832年的美国，有一个人和大家一块儿失业了。这个失业的人很伤心，但他同时下决心一切再从头开始。开始的时候，他参加州议员竞选，结果竞选失败了。他又着手开办自己的企业，可是，不到一年，他的企业倒闭了。此后几年里，他不得不为偿还债务而到处奔波，生活一度十分艰辛。

后来，他再次参加竞选州议员，这一次他当选了。在他的内心，一丝淡淡的希望再次升起，他仿佛看到了黎明的曙光。

1851年，他迎来了自己的爱情，与一位美丽的姑娘订了婚。但是，让人所始料不及的是，在离结婚日期只差几个月的时候，未婚妻不幸去世。这件事对他的打击很大，他数月卧床不起，心灰意冷。

第二年，他决定竞选美国国会议员，结果仍然名落孙山。1856年，他再度竞选国会议员。他认为自己在争取做国会议员中的表现是出色的，相信选民会选举他，但还是落选了。

为了挣回竞选中花销的一大笔钱，他向州政府申请担任州的土地官员。州政府退回了他的申请报告，上面的批文是："本州的土地官员要求具有卓越的才能、超常的智慧。"

接二连三的失败并未使他气馁，过了两年，他再次竞选美国参议员。也许你觉得这次的答案应该是他成功了，但实际是，他又失败了。

一般人在这种情况下，可能早就崩溃了，但他始终没有停止追求。1860年，他终于当选为美国总统。

他是谁呢？他就是至今仍让美国人深深怀念的总统亚伯拉罕·林肯。

林肯一生经历了十一次重大事件，只成功了两次，其他均以失败告终，但他凭借着自己不懈的努力和追求，最终当选为美国总统。或许他没有傲人的才华，没有惊人的智慧，但他的那种不畏惧失败的品性让他走得比别人远，让他获得了非凡的成功。

可见，真正的失败不是不成功，而是沉湎于过去的失败而不能自拔，是跌倒了不能爬起来继续前进。如果你现在正处于人生的低潮，请不要畏惧你的失败和面前的困难，相信自己，勇于拼搏，你就能笑到最后。

人生就是一个由失败与成功组成的集合体。有一句特别有诗意的话："你为错过了群星而哭泣，那么月亮也会被错过。"虽然对那些已经发生过的失败和不幸，我们无法改变，但我们可以努力去把握未来的一切，去开创更加美好的明天。

泰戈尔在《飞鸟集》中写道："只管走过去，不要逗留着去采了花朵来保存，因为一路上，花朵会继续开放的。"

☕ **心灵茶社**

行走于人世，我们每个人的旅程都不可能是一帆风顺的，所以，对失败和不幸，最具智慧的处理办法就是——学会放手。学会对过去的不幸和失败放手，这样就不会使自己在心理上负担过重的压力，让自己能把精力投入到更有意义的事业上来。

如果一味地将失败刻在心里，时间长了就会成为无法抹去的阴影，让自己永远地痛着。这种痛会使人丧失许多快乐和美好的东西，会成为阻碍你前进的绊脚石。失败就像一块巨石压在你的心上，而且，如果一直这么压着，这块石头的重量就会越来越重，终有一天会压得你轰然倒下。

给负面情绪变个"妆"

负面情绪有很多种，像生气、忌妒、烦躁、失望、抱怨、愤怒、郁闷、绝望、恐惧、悲痛、压抑、伤心、哀怨、内疚等。它们是我们主观产生的一种很糟糕的心情，很难自我控制。

大多数的人产生负面情绪，都是由于受了外界因素的影响，比如在特别的情形下做出来让你难以接受的事情。很多人都会把自己的注意力转移到不顺心的事上，凡事总往坏处想，越想越烦恼，然后负面情绪就会笼罩整个心灵。

另外，负面情绪很容易被感染。本来我们的情绪是积极的，但当我们看到别人烦躁、焦虑、忧虑等，我们的情绪也会变得烦躁、焦虑、忧虑等，甚至，别人的反应还没有你的反应强烈。心理学家研究证明：20分钟的时间，一个人就会受到他人负面情绪的感染。

> 有一个人，他很忌妒他的邻居。只要看到邻居高兴，他就会很不开心；邻居的生活过得好，他心里就会很不痛快。于是，他心里每天都盼着邻居遇到倒霉的事情，比如，盼邻居家突然失火，盼邻居家有人得病，盼小偷钻入邻居家……
>
> 虽然他心里一直在诅咒邻居，但是每次见到邻居，就会发现邻居依然过得很好，并且邻居每次见到他都会笑着和他打招呼，于是，他的心里就更加不痛快了……就这样，他每天都很痛苦，很焦虑，整天吃不下饭，也睡不着觉，身体变得越来越瘦，好像心口悬着一块巨石，

在焦虑的生活中，他每天寻思怎样亲自给邻居带去晦气。有一天，他买了一个花圈，趁着夜色偷偷送到邻居家去。走到门口的时候，他听到里面有哭声。他准备上前听仔细怎么回事，邻居出来了。看到他手里拿着一个花圈，赶紧客气地说："你这么快就知道了，真是谢谢！"原来，邻居的父亲刚刚去世。他面对邻居，感到很无趣，说了两句安慰的话就走了出来。

故事的主人公表现出的是典型的忌妒。他把自己的心灵置于地狱之中，拿别人和自己过不去，不断地折磨自己，从而产生焦虑情绪，不能自拔。忌妒情绪是心灵的地狱，总拿别人的好来折磨自己很容易让自己焦虑不安。

在生活中，我们要尽量消除负面情绪，从而消除焦虑。负面情绪就像是心灵上的一剂慢性毒药，如果不消除长久困扰自己的负面情绪，就会慢慢丧失理智，做出愚蠢、轻狂的行为。

在社会快速发展、变革的过程中，人们心灵遭受的不平衡越来越多，生活和工作的压力越来越大，如果不及时疏导自己的情绪，就会因为小的负面情绪产生更多的大的负面情绪，使自己的心灵处于一种焦虑的状态。

当我们产生负面情绪的时候，不用抗拒它的存在，不要抓住负面情绪不放，避免过分注重它而使自己陷入为焦虑而焦虑的境地。

小王是一家广告公司的业务经理，他的工作表现一向很出色，是老板比较器重的业务骨干。有一天，在自己驾车上班的路上，一位客户给他打电话，不厌其烦地和就他广告价格的问题进行谈判。他边开车边和客户交流，在一个十字路口，红灯亮了，他没有及时刹住车，就冲了过去。

到了公司，他为闯红灯的事后悔不已，心情很差。但是，他已经约好和一个客户在公司面谈业务，所以他不能情绪低落，表现出萎靡不振样子。于是，他在会议上努力让自己笑容可掬，假装成心情很愉快而又和蔼可亲的样子。令人意想不到的是，他精心"装扮"的心情带来了不错的效果。从此以后，他就不再为小事焦虑了。

心理学家也认为，假装某种心情，刻意模仿某种心情，可以帮助我们真正拥有那种心情。但是大多数人情绪低落的时候会选择避不见人，让低落的心情慢慢消散，而不会选择通过假装和模仿来得到喜悦的心情。

当人焦虑不安时，大多数人不会改变自己的行为，自然无法改变自己的负面情绪。当然，情绪和行为不是说改变就能改变的，想改变也不会瞬间就改变。著名心理学家艾克曼通过实验得出结论：一个人心里一直想象自己进入某种境界，并感受进入那种境界后的情绪，那种情绪十有八九会到来。为了不再焦虑，为了消除一直困扰自己的负面情绪，我们不妨时常给自己的心情"乔装打扮"一下。

另外，当我们因为负面情绪而焦虑的时候，我们可以反复问自己："是什么问题一直困扰着我？""我能准许这种情绪存在吗？""我能否放下这种情绪？""我愿意放下吗？""我什么时候放下？"反复提问可以让我们对负面情绪和自己有更多的认知，然后理智地掌控自己的情感，进而消除负面情绪。

☕ 心灵茶社

　　当我们陷入负面情绪而焦虑时，应该深刻反思自己，找出自己不合理的信念，坚决放弃它，用理智战胜焦虑。我们要以乐观的态度看待一切事物，发现事物好的一面，这样就会改变对自己的观念，从而不再焦虑。

　　当你被不良情绪长期困扰的时候，一定要找到宣泄的方法。该哭就哭，不满就发发牢骚，愤怒时骂两句，以此疏导心情。

让冲动的魔鬼远离自己

如果你在生气的时候打碎了一块玻璃，就算你立即换上了一块新玻璃，但是你的行为依然会招到别人的训斥；如果你在神志不清时打碎了一块玻璃，你的责任就会轻些；当你不小心碰碎一块玻璃的时候，可能没有人会抱怨你。同样是打破一块玻璃，冲动的时候往往要付出更大的代价。

当我们掉入冲动的陷进时就会莫名地冲动，并且肯定得不到好结果，避开冲动陷阱的最好办法就是让自己的言行保持在陈述事实的范围之内。这样，我们就能客观地陈述所发生一切，能冷静地区分自己与别人的责任。

我们应该克制自己的冲动意识，约束自己的行为，不让自己那么容易动怒。不管我们在生活中遇到什么样的挑战，想要真正地享受生活就要保持清醒的头脑，做事的时候保证自己的动机是正确的。

有一天，罗德里克的儿子又在家里无缘无故地大发脾气，罗德里克等儿子气消了，就把他叫到自己的书房，语重心长地对儿子说："孩子，你这样容易动怒不是一种好习惯，你一定要学会克制自己。"

儿子说："爸爸，我也很想控制自己的情绪，可是遇到不顺心的事情时我就控制不住自己了。"

罗德里克想了一会儿，对儿子说："如果真像你说的这样的话，爸爸给你一个建议，只要你按照我说的方法去做，就一定能控制住自己。"说着，罗德里克带着儿子来到后院，指着后院的栅栏对儿子说："从现在开始，当你有发脾气的冲动时就跑过来，在栅栏上钉上一个钉子，如果哪一天你没有发脾气，就拔下一个钉子，直到钉子拔光再告诉我。"

儿子按照爸爸的方法执行，没多长时间，栅栏上就被钉满了钉子。此后，为了拔掉钉子，他开始努力控制自己的脾气。日子久了，他开始习惯平静地与人接触，脾气也没有那么大了，钉子在一个个地减少，终于有一天，栅栏上的钉子被全部拔光了。

罗德里克看到栅栏上没有一个钉子了，很欣慰地笑了，他对儿子说："你现在已经可以控制自己了，可是，你看见栅栏上留下的洞了吗？钉子留在栅栏上的洞不可能再恢复到原来的样子了。你要知道，你生气的时候说的话也会在别人心里留下永远无法抹平的伤疤。"

听了爸爸的话，儿子很惭愧地低下头。从此，儿子再也没有发过一次脾气，变成了一个非常热情的人。

我们一时冲动对别人造成伤害，再多的弥补往往无济于事，所以我们应该控制自己，尽量不要让自己冲动。当我们生气的时候，不管是什么样的局面，我们一定要留下退一步的余地，以免造成无法弥补的恶果。

生活中，我们有时候只顾自己口舌之快，有意无意间会对别人造成伤害，一句侮辱性的话就可以造成很严重的恶果，其实这些是完全可以避免的，只要我们做事和说话的时候不冲动，就能与人为善。当冲动造成恶果的时候，我们要采取措施去弥补自己的过错。

要想克服自己的冲动情绪，就要让自己静下心来，容忍别人不能容忍的事情。不管自己与什么样的人相处，都要学会宽容和忍让，学会克制自己的情绪，淡定地面对问题，冷静地处理问题。冲动是造成恶果的罪魁祸首，如果控制不住自己的情绪，做事的时候随心所欲，就可能带来毁灭性的灾难。只有理智的人才能够真正驾驭自己的人生，拥有平安稳定的生活。

有一位久经沙场的将军，已经开始厌恶战争，于是请了一位禅师去自己家里，对禅师说："大师，我已经看破红尘，请你收我为徒，让我出家吧！"

禅师说："你有家室，社会习气太重，你现在不能出家，以后有缘再说吧。"

将军说："我现在什么都放得下，妻子和儿女我都可以不要，请大师即刻为我剃度。"

禅师说："还是以后再说吧。"

将军没有办法，只好依了禅师。有一天，将军很早就起来了，到寺院里去礼佛。禅师看见将军，就问他："将军为何起那么早来拜佛呢？"

将军说："我是为了清除心头的污秽，所以早起来礼佛求安。"

禅师开玩笑地问道："将军起的这么早，难道不怕妻子在家偷人吗？"

将军一听，顿时火冒三丈，张口骂道："你这老东西，说话也太伤人了。"

禅师哈哈大笑，说："我只是轻轻一扇火，你的心火立即就燃了起来。脾气如此暴躁，怎么可能放得下？"

人是情感动物，表达自己的情绪是一件无可厚非的事，但是不加以控制地任意表达就会成了一时冲动的宣泄，而冲动是造成恶果的罪魁祸首，大多数成功者都深知这个道理，所以他们把自己的情绪控制得收放自如。

人在冲动发脾气的时候会引起精神紧张，对身心健康大为不利，当自己无法控制时就可能干出伤害别人的事情，造成不可挽回的恶果，这就是俗话说的"一失足成千古恨"。

☕ 心灵茶社

> 在生活中，每个人都会遇到不顺心的事儿，有时候我们会生气、愤怒，冲动往往会让我们失去理智，造成遗憾终生的大错。冲动与理智只是一念之差，我们遇事的时候应该冷静，做事说话要懂轻重、知进退、明缓急，这样就能抵御冲动的恶魔。

面对羞辱，理智应对

当一个人受到突如其来的羞辱的时候，自尊心就会受到严重的挫伤，就很容易动怒，在生气和愤怒的时候就可能冲动行事，造成不可挽回的恶果。有理不在声高，我们应该理智对待别人的羞辱，发怒的后果是很严重的，尤其是羞辱我们的人比自己强势的时候，我们应该多一份忍让，切不可硬碰硬。

春秋时期，郑灵公由公子宋和公子归生辅政。有一天，有人从外地带回来一只大鳖献给郑灵公。郑灵公就让厨子把大鳖杀掉，炖汤来招待自己的大臣。这时，公子宋对郑灵公说："每当我食指跳动的时候就一定有好东西吃，今天我的食指又跳动了，果然又有好东西吃了，你说是不是很灵验？"

郑灵公听了公子宋的话，半认真半开玩笑地说："你的食指跳动是否灵验，还是我说了算。"于是，郑灵公暗中吩咐厨子按自己的吩咐行事。厨子领会了郑灵公的意思，就下去准备去了。

到了品尝鳖汤的时候，郑灵公让大臣们按官职大小依次而坐。公子宋排在第一位，所以他很得意，等着品尝鳖汤。但是，郑灵公宣布赏赐从最下席开始，于是，公子宋就成了最后一个分到鳖汤的人。他心里清楚是郑灵公存心拿自己"开涮"，但是又找不到反对的理由，只好把自己心中的怒气压住，耐心地等待着。

大臣们一个个都得到了赏赐的鳖汤，品尝后都连声称赞，眼看就剩下公子宋一个人了，于是他等着厨子呈上鳖汤，谁料，厨子却报告说鳖汤没有了。

公子宋在群臣面前受到如此戏弄，很生气。郑灵公看着公子宋的窘态，开心极了，于是大笑起来，对公子宋说："我本来是让厨子把汤均分后大家一同享用的，但是喝汤还要趁热，所以就一个个地盛给大家了，看来，你是注定不该喝鳖汤啊。食指跳动就有好东西吃的说法一点都不灵验。"

听了郑灵公的话，公子宋明白是郑灵公在故意羞辱他，为了挽回自己的面子，他恼羞成怒，失去了理智，完全不顾君臣之礼，走到郑灵公面前，从他的碗中捏起一块鳖肉放进自己嘴里，并说道："我现在已经品尝到鳖肉了，的确是好吃的东西，谁说我的食指跳动不灵验？"说罢，就愤然离席。

郑灵公被公子宋的言行激怒了，于是当着群臣的面说道："公子宋实在是太无礼了，他眼中还有我这个君主吗？谁能找到砍他脑袋的刀斧？"

群臣吓得纷纷跪地，连忙劝君主息怒，郑灵公依然愤怒不已。就这样，一场盛会不欢而散，公子宋与郑灵公从此结下仇恨。公子宋害怕郑灵公找借口除掉自己，干脆先发制人，派人把郑灵公杀了。两年之后，郑灵公的弟弟追查公子宋"强夺君食"之罪，把公子宋杀掉了。

公子宋与郑灵公因为一件小事而反目为仇，导致双双死于非命，实在令人惋惜。所以，面对突如其来的羞辱时，我们应该沉着应对，要想清楚发怒会给自己带来什么后果，如果发怒有损于自己的利益，最好约束自己的言行，让自己冷静下来。

理智的人面对突如其来的羞辱时也能保持冷静，不会一触即发或者走极端，使自己在愤怒中丧失自我。一个人失去理智就得接受惩罚和打击。理智有时候脆弱得不堪一击，特别是在面对羞辱的时候，人很难保持理智，这个时候控制自己的有效办法就是及时回避。

理智的人懂得扬长避短、审时度势，让自己走向成功；不理智的人往往表现为爱冲动，凭着一时的冲动去鲁莽行事会导致一事无成，白白耗费自己的精力和时间。

汉朝有个叫朱买臣的人，他以砍柴、卖柴为生。虽然家境贫寒，但是他非常喜爱读书，经常一边砍柴一边吟唱诗歌，旁若无人。有时候，老婆和他在一起会觉得很没面子，就让他不要再吟唱诗歌了，但是朱买臣不但不理老婆，反而吟唱的声音更大。最后，老婆受不了他了，就准备离他而去。朱买臣赔笑道："我五十岁的时候就会大富大贵，现在已经四十多岁了，再等几年我会让你过上好日子的。"

朱买臣的老婆听了他的话，顿时火冒三丈，骂道："像你这种窝囊废，怎么可能有大富大贵的一天？"朱买臣见老婆心意已决，只好写一封休书，让老婆离家而去。

老婆走了，朱买臣依然以砍柴、卖柴为生，继续吟唱诗歌。几年后，朱买臣果然时来运转，五十岁的时候在京城闯出了自己的一番事业。皇帝派他到故乡担任太守，地方官员热烈地欢迎他，官府的迎接队伍排了好长，场面相当浩大。

当朱买臣的轿子到达的时候，他在轿子里远远就看见自己的前妻和她的现任丈夫在路边修路，一副很落魄的样子，一看就知道家境相当不好。朱买臣想起了往日旧情，便派人把他们请到后面随从的车子上，同时给他们安排生活。妻子羞愧不已，竟然在一个月之后自杀了。

朱买臣的做法看似"大气"，实则很草率，他的妻子并不是那种贪图富贵的人，当年夫妻离开并不是为了钱财，而是因为朱买臣高声吟唱让她很难为情，她是在意"面子"才离开的。当朱买臣功成名就的时候，当众请她上车，在妻子看来是一种羞辱。当然，朱买臣妻子的做法实在不妥，让人惋惜，她应该控制自己的情绪，不应该丧失理智去自杀。

有理不在声高，我们遭到羞辱的时候千万不要丧失理智，做出错事。被人瞧不起是生活中常有的事情，我们不应该自暴自弃，应该把它转化成一种奋发向上的精神，实现自我是对羞辱我们的人的最好回报。

☕心灵茶社

不管别人用怎样的话语羞辱我们，我们都要控制自己的情绪，千万不能丧失理智。如果勃然大怒，做出偏激的言行，就会让羞辱我们的人占上风，而且会引起其他人的注意，达到羞辱我们的目的。

别在生气时做决定

几乎所有的罪犯都会后悔自己当初的行为；几乎所有的刑事案件都是在生气的时候做了一个不理智的决定而发生的；几乎所有的囚犯在接受采访的时候都会说"如果当时……"事实上，人的本质都是善良的，真正凶神恶煞、杀人为乐的人基本上不存在，从这种意义上讲，在生气的时候能否拥有理智将从根本上影响人的一生。

人是有情感的动物，生活在爱恨情仇交织中不断地去选择，有些选择是无关痛痒的，有些选择则是至关重要的，一不小心就可能酿成不可挽回的错误。

因为生气和愤怒而做出错误的选择，相信每个人身上都或多或少地发生过。如果你没有被自己错误的决定所伤害，就应该感到庆幸。我们要想把握自己的一生，让自己的人生不偏离轨道，就应该时刻记住一句话：生气和愤怒时，你的行为几乎都是错的。

有一个男人，他的老婆生孩子的时候难产死了，撇下男人和孩子，幸好男人家里有一条聪明能干的狗，在男人外出挣钱的时候可以帮他照看孩子。

有一天，男人从外面回家了，他的狗赶紧跑出来迎接。男人见狗满嘴是血，顿时一种不祥的预感涌上心头，于是赶紧走进屋里找自己的孩子。男人走到床边，一看床上没有自己的孩子，但是地上有一摊血，心想肯定是狗由于兽性发作把自己的孩子给吃掉了。男人盛怒之下便拿起棍子往狗身上一顿猛打，狗惨叫了几声，并没有躲避，被男人给活活打死了。

在男人把手中的棍子仍在地上，抱头痛哭的时候，孩子哭着从床底下钻了出来，这时候，男人才意识到自己错怪了自己的狗，于是四下查看了一下，他发现在床头躺着一条狼，已经被活活咬死了，再看看自己心爱的狗，发现它的后腿已经被咬成重伤。

原来，在男人外出的时候，有条狼想进屋偷吃孩子，于是狗冲上去与狼撕咬，最后把狼活活咬死，保住了孩子的性命。男人知道真相后悔恨不已，抱着自己的狗号啕大哭，可是一切都晚了，狗的身体正在慢慢变凉。

为什么会发生这样令人心寒的悲剧呢？究其原因，男人被强烈的生气和愤怒冲昏了头脑，丧失了理智，以至于把自己最初的判断和自己的猜想当成事情的真相。其实，这是人的一种通病，据心理学家测算，人在愤怒的时候智商只有原来的一半，所以，在愤怒的时候，人们往往会做出非常愚蠢的决定，并认为自己的决定是正确的，其实这个时候的行为百分之九十以上都是犯了极端的错误。

很多人为自己的一时之气而断送了一生，比如马加爵，一气之下杀死四名自己的同学，这是一个很极端的例子。所以，我们在生气和愤怒的时候一定不要做任何决定。

有一天，美国陆军部长走进总统林肯的办公室，气呼呼地说："竟然有一名少将用侮辱性的话说我偏袒有些人。"

林肯让陆军部长消消气，然后给他出了一个主意，让他写一封内容尖刻的信回敬那个侮辱自己的家伙。于是，陆军部长听从了林肯的建议，立刻写了一封言辞激烈的信，然后让总统看一下。

　　"写得很好！"林肯连声称赞，"要的就是这种效果，这种人就应该好好臭骂一顿，你写的真是太好了。"

　　当陆军部长准备把信装进信封的时候，林肯叫住了他，问道："你这是要干什么？"

　　"我把信给那个家伙寄过去啊。"陆军部长有点摸不着头脑。

　　"不行，这封信不能寄给他。快把它扔进炉子里烧掉！"林肯大声说，"生气时做出的决定是不妥当的，凡是生气时写的信，我都是这样处理的。你的信写得很好，写信的时候你已经为自己出了一口气，现在是不是感觉好多了？请你再消消气，问问自己的胸怀到底可以有多宽广，然后再写信寄给他。"

　　人生在世，难免会有误解或受气的时候，如果把这种不满情绪全部堆积在自己心里，就会给自己造成一定的伤害，因为那是在拿别人的错误惩罚自己；如果在气头上进行反击或者报复，就会做错事，因为人在生气的时候会忽略别人的优点，只看到别人的缺点。

　　同样的道理，当我们生气和愤怒的时候可以尝试一下林肯的做法，通过写信的方式把自己心中的怨恨发泄出来，让自己的心理得以舒缓，这时正如林肯所言："写信的时候你已经为自己出了一口气，现在是不是感觉好多了？请你再消消气，问问自己的胸怀到底可以有多宽广。"

　　歌德有一天在公园散步，迎面碰到了曾经给他的作品提过尖锐批评的评论家，评论家看到歌德就大叫："我从来不会给傻子让路！"歌德努力控制自己，幽默地回应道："我与你相反。"边说边让到一旁。歌德的忍让避免了一场无谓的争吵，显示了自己心胸的宽广。

　　无独有偶，清朝有一个"六尺巷"的故事。宰相张英与一名叶姓的侍郎都是安徽桐城人，两家是邻居，并且要同时建房，于是为了争地皮而发生了争吵。张老夫人写信让张英出面，没想到只收到一封信："千里家书只为墙，再让三尺又何妨？万里长城今犹在，不见当年秦始皇。"张老夫人见儿子言辞有理有据，就立即把墙主动退让三尺，叶家见张家退让，也退让了三尺，于是形成了"六尺巷"。由此可见，克己忍让、制怒控愠是一种高尚的美德，当我们与周围的人发生误解的时候，不妨学学前人的做法，退一步海阔天空。

生气和愤怒的时候，行为几乎都是错的，所以生气的时候尽量不要做决定。人生不如意十有八九，我们要学会控制自己的情绪，尽量让自己不生气，正如《莫生气》中唱的："人生就像一场戏，因为有缘才相聚。相扶到老不容易，是否更该去珍惜。为了小事发脾气，回头想想又何必？别人生气我不气，气出病来无人替。我若气死谁如意，况且伤神又费力。邻居亲朋不要比，儿孙琐事由他去。吃苦享乐在一起，神仙羡慕好伴侣。"

☕ 心灵茶社

适当地发泄情绪可以缓解心理压力，但是处理不当就会忘却自我、丧失理智。日常生活中，很多人容易冲动，一旦生气或者愤怒，就会把理智抛在一边只凭一时的想法和情绪办事，结果酿成难以挽回的局面，后悔也晚了。所以，我们在生气和愤怒的时候，不要轻易做决定，不要轻易去做事。

别让忧郁淹没你

生活中，有些人总是闷闷不乐，做什么事情都提不起精神，脸上总是带着一副很忧伤的表情，同时，还消极悲观，这种状况就是心理学上所说的忧郁。当下，忧郁已经成为困扰当代人类的一种"文明病"，唯有自己能治好这种病。

有人把忧郁产生的根源归结于生活节奏快、社会压力大、竞争激烈，其实，内心因素才是主要原因，这些只不过是促进了心理因素的发生而已。人生多多少少会遇到一些不顺心的事情，既然躲避不了，忧郁就会在人脆弱的时候乘虚而入，也就是说，忧郁在任何时候都有可能产生，它不仅产生在一个人痛苦的时候，也有可能产生在一个人功成名就的时候。每个人，在一生中的某个时刻都曾与忧郁相逢过。

小刘出生在一个偏远的小山村，十五岁那年，他以优异的成绩考上了县里的高中，压力也顿时大了不少。面对大量的高中课程，小刘有点不适应，面对乡村和城市的环境巨变，小刘也不适应，于是，他开始失眠了，并且越来越严重，到最后每天只能睡三四个小时，还睡得不踏实，宿舍有一点动静他就会醒来。

为了维持正常的学习，小刘不得不吃安眠药，但是，一直吃药副作用越来越突出，又不得不停止吃药，失眠症状再次加剧。同时，他的心理也发生了变化，原本开朗的他变得孤僻了，情绪越来越差，成绩也下滑得很厉害。每当上课的时候，小刘就拼命提醒自己要专心听讲，但是越提醒自己，注意力越没法集中。

到了高三的时候，小刘的脑子中基本上没了思维，整天都精神恍惚，每次考试的时候，一看到试卷就脑中一片空白，然后呆呆地坐在考场里，直到考试结束。

第一次高考失败以后，小刘选择了复读，令人惊喜的是，复读的一年中，之前的那些症状都消失了，他不再失眠，不再情绪低落，成绩上升很快，并且当年就考上了一所不错的大学。

进入大学以后，小刘以为忧郁已经远离自己，然而，到了大三，噩梦再次来袭，失眠的症状又出现了，那段日子里，只要不睡着，小刘的心绪便在绝望和悲观之中，即便看见路边有一个乞丐，他也会想想自己会不会落个和他一样的下场。最绝望的时候，他走到了教学楼的楼顶，一只脚踏在边缘，但是幸而退了回来。

小刘痛不欲生，于是走进学校的心理辅导室，在心理老师的指导下，小刘住了一段时间的院，在接受心理治疗和医院治疗的过程中，小刘哭过两次，每次都哭得"惊天动地"。通过放声大哭，小刘内心的压抑得到了释放，病情开始好转了。

忧郁是生活中比较常见的一种情绪，如果我们对这种情绪不加以管理，而是任由发展，就会严重影响生活质量。忧郁不能得到及时的控制和治疗，会产生自杀的想法。忧郁患者总感觉着生活到处都是不如意的事情，活着对自己来说是一种折磨。案例中的小刘无疑是比较幸运的，他通过医生的指导和治疗从忧郁中走了出来。如果一个人感觉自己有了忧郁的表现，就一定要及时调整自己，尽快把忧郁消除在轻度状态，可以从以下三个步骤着手来消除忧郁：

一、首先要明确并承认自己精神上已经出现了忧郁情绪，要随时留意忧郁的发展情况，注意自己的言行举止有没有与平时不一样的地方，注意自己的身体有没有不适。

二、每当自身有变化或者出现异常情况的时候，我们应该及时识别，最好用笔记录下来自己的变化，并尽快找到解决方案，然后在实践中不断检验和修正自己的方案。

三、为了避免忧郁情绪的持续存在或发展，我们应该有所行动。比如，我们在自己的工作岗位上不能得心应手的话，可以尝试学一门课程提高一下自己的业务水平，或者尝试找一份新的工作，还可以通过计划一些其他的活动来丰富自己的生活，只要能有效避免忧郁情绪的发展就好。

总之，当一个人感觉自己已经忧郁的时候，就应该尽力做点什么来控制一下这种情绪的发展。做自己应该做的事情有时候会让人感到疲惫，但是这样做可以消除忧郁情绪，可以让生活变得充实而美好。

当忧郁情绪缠绕自身的时候，可以通过改变心态和发泄来调节。改变心态就是要求我们要凡事顺其自然，寻求心理的平衡，让生活保持一定的弹性，不属于自己的东西不去强求，也不奢望那些不切合实际的生活方式。发泄是指，通过诉说或者大哭的方式把心中积压的压抑感释放出来，这样就抛开了心理上沉重的包袱，"归零"艺术会让我们活得更轻松。

☕ **心灵茶社**

> 当我们受到忧郁情绪困扰的时候，只要改变自己的心态，让自己的内心保持平衡、平和、乐观，就可以把忧郁挡在自己身体之外，挡在自己生活之外。当忧郁已经严重影响到我们的身心健康的时候，就应该及时就医，通过心理医生和医院的治疗使自己的身心逐步好转。

智者之道，吾日三省吾身

很多人遇到不顺心的事情就会去怪罪别人，把责任归结于别人，开始抱怨别人，很少有人检讨自己，因为怪罪别人远比检讨自己要容易得多。生活中没有一帆风顺，我们偶尔抱怨一下是很正常的，但是不能把所有的责任都推到别人身上，怪罪别人会让周围的人远离自己，使不懂得检讨自己的人成为孤家寡人。

当我们遭遇挫折和不公平待遇的时候，难免会生气，并以此警告别人不要招惹自己。不过，当一个人不断地怪罪别人的时候，就会让人产生反感，继而产生负面效果。

　　小王是一家食品公司的销售人员，他的业务能力很强，属于公司里比较精明能干的人物，经常帮助销售部经理制定一些销售计划，自己的业绩也是公司里最好的。但是，小王与同事之间的关系处理得不是很好，因为他脾气暴躁，经常为了一点小事儿与同事闹矛盾，工作中出现了错误就把责任归结于别人。

　　小王心情好的时候会和同事们在一起说说笑笑，一起去吃饭，一起去打球，可是，如果有哪一位同事没有照顾到小王的情绪，或者无心说了一句开玩笑的话，小王就会顿时板起脸，或者转身就走，或者与同事争吵一番。时间一长，公司里的同事开始渐渐地疏远小王，都不愿与他有过多的交往。

发脾气是人们对客观事物不满而产生的一种情绪反应，是由外在刺激引起的，属于一种正常现象，就像案例中的小王。但是，有些事情在一般人眼中是微不足道的，根本不值得计较，更没有必要为之生气。所以，我们遇到不顺心的事情时应该学会控制自己的情绪，要多检讨自己，从自己身上找原因，只有这样我们才会少生气，才会发现生活是美好的。

生活中的很多事情是不以我们的意志而改变的，比如，老板经常出尔反尔，当我们因此受到损害的时候，唯一能做的就是控制自己的脾气和心态，不要动不动就发脾气，我们应该检讨自己，哪怕我们没有一点儿责任，但是我们受到损害就是因为我们没有防范好，我们应该对自己负责任。

　　有一位哲学家，有一天，他问自己的一个学生："如果你在家里同时养了鱼和猫，有一天你出门了，回来后发现猫把鱼全部吃掉了，你觉得应该怪谁呢？"

学生说:"是猫吃了鱼,当然应该怪猫啊。"

哲学家笑了笑,说:"当然了,猫是有主要责任的,当然应该怪它,但是,除了怪猫,你更应该怪自己。猫吃鱼是自然的规律,每个人都知道,你明知道猫会吃鱼,却不做任何防范工作,所以导致猫把鱼吃了。这样一来,事情的责任完全在你。同样的道理,你明明知道每个人都是有弱点的,但是做事的时候不加以防范,吃亏后就不要怪别人,要多检讨自己。"

这个故事看起来很简单,但是却告诉我们一个哲理,使我们受用一生。很多人在遭遇不顺心的事情或者做事失败的时候,都会努力为自己开脱,想把责任推给别人或所处的环境,很少从自己身上找原因,所以经常会生气或者愤怒。如果凡事多从自己身上找原因,多检讨自己,事情就没有我们想的那样坏。怪别人是一种无能的表现,我们应该多检讨自己,让自己冷静下来,好好分析一下事情的前因后果,再去找补救的措施。

小李是一家大型商场的服装导购员。有一天上午,小李刚刚值班就碰到一个女顾客来退衣服。那位女顾客拿来的衣服的衣角上有明显的折痕,一看就知道是导购员当时没有看出衣服存在缺陷就把它卖给了顾客。女顾客很生气,粗声粗气地对小李说:"你看看,你们商场就拿这种货糊弄人啊,这么大的问题怎么可能没有发现,你们导购员的素质也太差了。"

小李没有说什么,看了一下衣服的保修卡,发现那件衣服已经超过了"一周内退货"的期限,按照商场的规定是不能退的,只能换。女顾客感觉自己的利益受到了侵害,不想再要商场的衣服,于是不依不饶,执意要把自己的衣服退掉。小李开始道歉,说自己没有权利不按商场的规定而擅自做主,不管小李怎样道歉都不管用。

小李知道自己碰到了一个比较难缠的客户，为了不让争吵继续下去，她便温和地对女顾客说："非常抱歉，这件衣服卖给您的确是我们商场工作人员的失误，但是，您的衣服已经超过了退货期限，按照规定是不能退货的，我们会给您换一款同样的衣服。如果您执意要退的话，干脆这样吧，您把这件衣服卖给我，你看如何？"

就在小李准备掏钱的时候，那位女顾客的脸红了，终于同意换一款同样的衣服。

显然，小李的自我检讨起到了良好的作用，让那位难缠的女顾客把怒气压下去，如果她坚持是女顾客自己没能在退货期限内来，所以错不在商场和导购人员而不予退货，就会激化矛盾，由此看来，自我检讨的力量是很大的。

发脾气既伤害自己又伤害别人，同时会让周围的人感觉我们是缺乏素养的人，与其把自己气量狭小的一面展现给别人，不如多检讨自己，努力控制自己的情绪，避免自己发脾气。

世界上很难找到一个从来不发脾气的人，但是，每个人都应该努力克制自己，让自己尽量不要为了生活中的琐事而发脾气。要想做到不为生活中的琐事发脾气，我们就应该提升自身的文化修养水平，学会忍耐，不为小事而计较个人得失，多检讨自己，少怪罪别人。

☕心灵茶社

当我们感觉自己的利益受到侵害的时候，我们应该从自己身上多找找原因，不应该一味地怪罪别人，检讨自我是一个人有素质的表现，通过检讨自己我们能更全面地分析问题，找到解决办法。

君子之道，人不知而不愠

生气是一种人人都会有的情绪，就像人的影子一样，每时每刻都与人相随，我们能在日常的学习、工作和生活中体验到它的存在，并能感知它给身心带来的变化。

每个人对生气情绪都有自己的看法，但生气情绪比我们想象的要复杂得多。如果我们对生气情绪的产生和发展有一定的认识，就能把握自己的生气情绪，让自己多一份忍耐，多一份快乐。

唐代宰相娄师德的弟弟要去代州都督府任职。在弟弟临行之前，娄师德把弟弟叫到自己跟前，对他说："我的能耐不是很大，但是当上了宰相，现在你又要去都督府上任，咱这一家人得到的皇恩太多了，肯定会有人嫉妒。你该怎样面对呢？"

弟弟回答道："如果有人往我脸上啐唾沫，我就自己擦掉，绝不会多说一句话。"

娄师德说："我知道你会这样说，但是，这也是我最担心的。别人往你脸上啐唾沫，说明他很生气，如果你把它擦掉，就是抵挡了别人的发泄，这样做不好。唾沫不去擦也会慢慢变干，倒不如笑着接受。"

娄师德与弟弟的对话有开玩笑的成分，意思却非常明确，就是凡事要忍耐，不能与别人针锋相对，不然就会激化矛盾，产生严重的后果。

生气其实就是拿别人的错误惩罚自己，我们何苦要生气呢？不在意它，它就会自动消失。

在法国，曾经发生过这样一件事情：有一名警察来到一家烟酒超市，准备进去买烟。就在这时，一个乞丐走到他面前，向他要烟吸。警察就告诉乞丐自己也没有烟了，正准备进去买烟。乞丐很高兴，认为警察买烟后一定会给自己。

警察进了超市，当他拿着烟出来的时候，乞丐又上前去要烟。警察没有给他，于是发生了争执，双方情绪慢慢变得激动起来。

警察不能忍受自己在大街上遭到一个乞丐的辱骂，就掏出手铐，对乞丐说："如果你再这样无理取闹，我就把你抓起来。"

乞丐看了一眼手铐，嘲笑道："你是警察就能这样吗？有种你就把我铐起来！"说着就把双手伸到警察面前。

警察并没有铐乞丐，而是给了他一拳。乞丐也毫不相让，两个人扭打在一起。围观的人见状，赶紧把他们拉开，并劝他们不要大打出手。

被劝开后的乞丐骂骂咧咧地走了，边走边喊："混蛋，警察就了不起啊，有种把老子抓起来啊。"警察很生气，已经失去了理智，拔出枪就冲了上去，朝乞丐连开了三枪，乞丐倒在血泊中……

法庭以"故意杀人罪"判处那个警察30年的徒刑。

乞丐死了，警察被判30年徒刑，起因只是一支香烟，生气是导致事件发生的罪魁祸首。现实生活中，我们也会遇到类似的情况，有些人因为一点小事儿引发争吵，生气的时候不能控制自己，由于冲动，把小事儿演变成流血事件。还有时仅仅因为他人不小心碰了我们一下，或一句话不恰当，就引起冲突，引爆一场激烈的口战。

每个人都有七情六欲，当别人给自己不良刺激的时候，难免会生气，这是一种自我保护本能和心理反应，但是，我们不能放纵自己的生气情绪，因为它会使我们丧失理智，不计后果地行事。

因此，做事的过程中遇到人际矛盾时，一定要克制自己，要忍耐别人的挑衅，如果意气用事就会产生严重的后果。俗话说，"忍一忍心平气和，退一步海阔天空"，生气时一定不要轻易行动。

从前，有一个妇女，遇到不顺心的事情时就会很生气，因此，与邻居的关系搞得很僵，这让她很恼火，但是一时又改不掉自己爱生气的毛病，于是就整天闷闷不乐的。

有一天，她和一个好友聊天，就把自己心中的苦恼告诉了自己的好友。好友听完她的诉说，就对她说："我听说南山上那个寺院有一位得道的高僧，他很有智慧，能帮人消除很多烦恼。"

妇女听了好友的话，于是找到那个得道高僧，说："大师，我总是控制不住自己，动不动就会生气，你能告诉我怎么改变一下自己吗？"

"施主请跟我来！"高僧说完，带着妇女来到一个小柴房门口，"施主请进！"

妇女感觉很好奇，虽然她搞不明白高僧到底要做什么，但还是硬着头皮走进了小柴房。就在妇女进入的时候，高僧迅速把门在外面锁上，然后转身走开了。

妇女见高僧这样对待自己，就气不打一处来，大声喊叫："你个臭和尚，算什么得道高僧？干吗把我关在这个破屋里？赶快放我出去！……"

妇女骂了很久，高僧始终没有出现。妇女就由骂改成了哀求，但是高僧好像没有听见一样，依然没有出现。最后，妇女没有力气了，变得沉默了下来。就在这个时候，高僧走到柴房门口，问妇女："施主，你还生气吗？"

妇女有气无力地回答说："我是自己生自己的气，没事儿干，非要跑到这种鬼地方受罪。"

"一个连自己都不能原谅的人，怎么会原谅别人呢？"高僧说完，又离开了。

过了很长时间，高僧又来到柴房门口，问："施主还生气吗？"

"不生气了！"妇女回答道。

"为什么？"

"生气又有什么用呢？"

"你的气并没有消失，而是你把它压在心里，你出来以后仍然会剧烈爆发。"高僧说完，又离开了。

当高僧再一次来到柴房门口的时候，还没等他说话，妇女就立即说："我真的不生气了，因为我不值得生气。"

"哦，你还知道自己不值得生气，说明你自己心里有衡量，还有气根在。"高僧笑着把妇女从柴房放出来。妇女连忙问："大师，人为何会生气呢？"

高僧拎起地上的一只木桶，把里面的水倒在地上。妇女想了一会儿，然后叩谢高僧，回家去了。

这个故事告诉我们一个道理：很多时候我们认为是别人伤害了自己，但是我们很少从自己身上找原因。难道我们生气都是别人的错吗？仔细想一下，只要我们把心中的怨气倒出来，就不会那么容易动气了。生气伤害的是我们自己，其实让我们生气的人已经忘记那些不愉快的事情了，是我们自己抓住不放，摧残自己。

事情往往没有我们想象的那么糟糕，生气只会让事情变得更坏，我们应该控制自己的情绪。乐观的人懂得选择与放弃，所以他们能拥有快乐的生活。

少点生气，多点微笑，不再为生活中的小事儿而斤斤计较，不再为过去的事情耿耿于怀，我们自然会拥有快乐的生活。一味地抱怨和生气只会伤害我们自己，我们应该摆正自己的心态，积极地面对生活中的一切。

☕ 心灵茶社

我们在生气的时候就等于拿别人的错误惩罚自己，其实别人早已经忘记了不愉快的事情，我们为何抓住不放而伤害自己呢？生气会使我们失去理智，对解决问题是非常不利的，因此要控制自己的情绪，学会忍耐。

第四章

不抱怨，不攀比，一切都是最好的安排

幸福人生需要"等价交换"

很多时候，我们在抱怨自己没有别人拥有的多，于是对手头的东西斤斤计较，做事的时候容易患得患失，并固执地认为自己的抱怨是应该的。抱怨只会让一个人的情绪更坏，有时候我们陷入情绪的纠缠中，并不是因为事情本身真的那么令人烦恼，而是因为我们过于斤斤计较。其实，上天给谁的都一样多，我们不应该心胸狭隘。

生命中的每一个挫折、每一个打击都有它的意义，正因为有了这些苦难，我们才变得更加坚强，要知道大海缺少波浪就会失去其雄浑，沙漠缺少狂风就会失去其壮观，如果我们的生活是平平淡淡的，你就会觉得索然无味，只有"酸甜苦辣咸"五味俱全才算得上真正的生活，只有七情六欲全部经历才算是完整的人生。人们在得到的同时，也会失去一些东西。

欧洲有一位著名的女高音歌唱家，在30岁左右就已经誉满全球了，她取得的成就让很多人羡慕不已。

有一次，她要在自己国家的一个城市举办个人音乐会，音乐会的门票距音乐会开始还有半年就已经被抢购一空了，她当天的演出也受到了空前的欢迎。演出结束后，她带着儿子从剧场出来的时候，被早已等候在剧场门口的仰慕者围住。有的人羡慕她大学刚毕业就走红：有的人羡慕她进入国家级大剧院；有的人羡慕她不到30岁就成为世界十大女高音歌唱家之一；有的人羡慕她有一个可爱的儿子……

她听着大家的赞美，一句话都没有说。当仰慕者把话说完以后，她才笑着说："谢谢大家对我的赞美，我希望我能与大家一起分享我的快乐。在众多的赞美之中，我最愿意听到的是你们赞美我的儿子。不幸地告诉大家，我的儿子是一个哑巴，他还有一个姐姐，患有精神分裂症，我出门在外的时候只能把她一个人关在家里。"说完，女高音歌唱家一脸的平静。

仰慕者听了女高音歌唱家的话，都震惊得说不出话来，你看看我，我看看你，一时间谁也无法接受这个事实。见到这种情形，女高音歌唱家平静地说："这一切说明了什么？说明上天给谁的都是一样多，我只希望自己的歌声能给大家带来快乐，也希望大家每个人都能乐观地面对生活。"

是啊，只要我们留心观察身边的人，就会发现：你没有甜美的嗓音，却有圆满的幸福；你没有美丽的脸蛋，却有智慧的头脑；你有美好的欢聚，也有痛苦的离别……人不会十全十美，但也不会一无是处，这样的世界才是真实的，才会多姿多彩。

地球是球形的，太阳可以把光明照射在大地上，但地球上也有太阳照不到的阴影。生活中，我们不要只看到别人光辉的一面，也应该看到光辉背后的影子。也许生活中有很多困境，但是正因为有了困境，我们才能磨炼自己，在颠簸过程中逐渐成长。我们要微笑着面对生活，不应该抱怨生活给了我们太多的困顿，不抱怨生活中有太多的坎坷，更不抱怨上天对我们不公平。

有一头小骆驼，每隔几天就要到小河边喝一次水。有一天，它又去河边河水，刚好看见河对面有一匹马也在河水。马也看见了骆驼，就站在河对面，对小骆驼说："你长得真丑，睫毛那么长，脚又大又丑，背上的两个肉疙瘩也特别难看，简直是一个怪物。看看我，生来就这么漂亮，并且能日行千里。"

小骆驼听了马的话，心里十分委屈，回到家中就再也不愿意出门了。他流着泪，嘴里一直念叨着："为什么我生下来就如此丑陋？上天对我太不公平了。"

小骆驼的妈妈看见孩子这个样子，就笑着说："不要这样，你赶紧吃饱喝足，明天随我到沙漠走一趟就知道上天是否对你公平了。"

第二天，它们出发了，刚走不远沙漠就出现了风沙。妈妈让小骆驼趴在地上，把双眼闭紧。一阵风沙过后，小骆驼站了起来，发现身边的有一只小兔子正在揉眼中的沙子，便问妈妈："为什么我的眼睛不难受呢？"

妈妈笑着回答说："因为你有长长的睫毛，不用担心沙子被吹进眼睛中。"

妈妈带着小骆驼继续向前走，发现前几天在河边嘲笑自己的马竟然趴在地上，动弹不得。妈妈对小骆驼说："他的脚陷进沙子里了。我们的脚很大，可以放心在沙漠上行走。那匹马虽然跑得很快，但是在松软的沙子上，他就寸步难行了。"小骆驼听了妈妈的话，点了点头。

过了五天，小骆驼和妈妈一起回到家中。它突然好奇地问道："妈妈，我们在沙漠中一连走了五天，一点东西都没有吃，一点水都没有喝，我怎么会没有饿的感觉呢？"

妈妈回答道："这是因为我们背上那两个像山峰一样的东西是专门储存食物和水的，只要我们吃饱喝足了，就会很长时间不吃饭也不会有饿的感觉，很长时间不喝水也不会有渴的感觉。"

小骆驼惊叹道："原来这么神奇啊，看来上天很是很公平的。"

妈妈语重心长地说："上天给谁的都一样多，每个动物都有自己的优点，不要因为我们某一方面不如别人就抱怨不断，上天让我们存在是有一定原因的。"

听了妈妈的话，小骆驼幡然醒悟了。

看完这个故事，相信大家都会认为上天给谁的都一样多，上天让我们失去一部分的同时也让我们得到更多。上天可以限制我们的天分，但是它无法限制我们的勤奋，或许生活中有太多的遗憾和无法回头，但是我们可以把它们变成美好的回忆，不要斤斤计较，多找找自己的人格特质，就会发现自己拥有的已经很多。

☕ **心·灵茶社**

> 上天是公平的，关上一扇门就必然会为你打开一扇窗。我们不要抱怨自己拥有的少，只要我们多找找自己的优点，多付出，就一定能发挥自己的特质，取得一定的成就。人生是等价交换的，也许我们付出之后所收获的不是自己想要的结果，收获时间也不以我们的意念而转移，但是一定会有收获。

快乐无须比较，也不分多少

"人比人，气死人"，人与人之间永远没有可比性，不同的出身、不同的性格、不同的教育背景、不同的经历等等，都会造就不同的人生，两个人之间有一点差别就会造成两个相差千里的人生，所以，拿自己跟别人比较是没有任何意义的。只有和自己比较才是最有价值的，只要今天比昨天强就证明自己进步了，就会离自己的目标越来越近，早晚有一天自己也会变成别人羡慕的对象。

每个人都是他人眼中的风景，但脚下泥泞的路只有自己才知道，耀眼光环背后的辛酸与无奈也只有自己知道，所以，只要相信自己，就一定能做好自己。

从前，有一个国王喜欢微服出宫，体察民情。有一天，国王闲来无事，又微服出巡了，他看到一个补鞋匠，就走上前去，问道："我发现你每天都笑着给别人补鞋，我想你一定认为自己是世界上最快乐的人。"

补鞋匠说："我一个补鞋匠，怎么会是最快乐的人呢？我笑对别人只是为了让自己生意更好点罢了，国王才是世界上最快乐的人。"

国王又问："为什么你说国王是最快乐的人，你怎么断定他生活得快乐？"

补鞋匠说："你想啊，国王手下有百官任他差遣，有千万子民给他供奉，他想要什么就有什么，你说他能不快乐吗？"

听完补鞋匠的话，国王乐了，于是和补鞋匠一道开怀畅饮，直到把补鞋匠灌得酩酊大醉，然后命令随从把他抬到宫中。国王对大臣们说："这个补鞋匠认为我是世界上最快乐的人，我现在要戏弄他一番，把我的衣服穿在他身上，让他理几天朝政，让他感受一下当国王的滋味，看他会不会改变自己的想法。"说完，国王又向大臣安排了一些事情。

等到补鞋匠醒了，婢女便走上前去，说："陛下，您喝醉了，积下了很多国家大事要处理呢。"于是，补鞋匠懵懵懂懂地被婢女拥出临朝，大臣们都催促他尽快处理事情，但他什么也不知道，脑子完全乱了。这时，朝下有史官记载他的言行，大臣你一句我一句地出着主意，补鞋匠一坐就是一整天，弄得腰酸背痛，疲惫至极。就这样一连过了好几天，补鞋匠吃不好也睡不好，整个人几乎瘦了一圈。

婢女这个时候又走上前来，关切地问："陛下近日身体憔悴了很多，这是为什么啊？"

补鞋匠说："我梦见自己是一个补鞋匠，生活得相当艰苦，一天到晚都忙碌，而且日子清贫，所以就瘦了。"众人都在私下里偷笑。

到了晚上，补鞋匠翻来覆去睡不着，心里琢磨着：我到底是国王呢，还是补鞋匠呢？

这时，王妃问道："陛下如此不开心，不如将歌姬招来取乐吧？"

补鞋匠答应了，于是招来歌姬。歌姬给补鞋匠灌了很多酒，让他醉得不省人事，又把他原来的旧衣服换上，把他送到了原来的地方。补鞋匠醒来以后，看见自己的破房子和破衣服还是老样子，但是自己却浑身酸痛，好像被人用棒子打过一般。

过了几天，国王又来到补鞋匠面前，补鞋匠说："上次是我糊涂了，我现在才明白过来呀。我梦见自己当国王了，整天忧心忡忡的，累得要命，在梦里当国王都不堪忍受，要是真的当上国王，岂不是更痛苦？前几天跟你说的话是不对的。"

俗话说"家家有本难念的经"，所以，我们不必羡慕别人的风光，风光背后都是有苦衷的，我们应该做好自己，在自己的沃土上辛勤付出，那样我们就会收获很多喜悦。人各有命，我们不应该羡慕别人，不应该攀比，那样的话就会心里不平衡。贪欲会导致一个人走向沉沦，顺其自然，好好把握眼前的一切才是最重要的，拥有一个好心态比什么都强。

不要总是为生活而烦恼，其实，生活并没有辜负我们什么，我们跟别人拥有的一样多，我们不必羡慕别人拥有比自己多的财富，也许你比别人要健康得多；不必羡慕别人拥有比自己高的职位，也许你比别人要快乐得多；不必羡慕别人拥有比自己完美的爱情，也许你比别人的事业要成功得多。

也许别人的人生看起来比较辉煌，而你一直是默默无闻的，我们不要抱怨自己生活得平凡，只要让心灵多一分悠然，多一分淡定，就能生活得很快乐。珍惜自己所拥有的一切，好好经营自己的生活，就能让自己的人生没有遗憾。

生活就好像饮水，冷暖自知，也许你一直在羡慕别人，但是别人也在羡慕你，大家都是在羡慕来羡慕去：单身人士羡慕已婚人士的幸福与温馨，已婚人士羡慕单身人士的潇洒与自由；年轻人羡慕年长者的经验与阅历，年长者羡慕年轻人的青春与活力；普通人羡慕成功人士的名气与荣誉，成功人士羡慕普通人的自在与轻松……

我们都在羡慕别人，却看不到自己所拥有的东西也是宝贵的，我们不必羡慕别人的后花园，要在自己的沃土上经营自己的人生，成就自己的完美。

抱怨自己人生的不完美就好像是为美玉的瑕疵而耿耿于怀，尽管美玉存在瑕疵，但是并不影响它的价值，它依然是一块美玉。

我们总是拿自己人生中缺失的那部分与别人做比较，却没有发现或者说已经忽略了更多完美的部分。我们总是羡慕别人的后花园，而看不到自己也有一方沃土，从而让自己失去平衡，变成一个内心充满怨气的人。其实，别人的生活并没有我们想象的那么幸福无忧，每个人的生活都是差不多的，过好自己的日子才是最重要的，知足者从容，知足者常乐。

☕ **心灵茶社**

> 人与人的生活是不一样的，别人的生活方式是我们无法复制的，我们可以通过观察别人的长处来弥补自己的短处，与其羡慕别人，不如用心经营自己的人生。只要我们踏踏实实地做好自己，把生命中缺失的那部分看淡点，心胸就会豁达很多。

你看别人是什么，自己就是什么

在心理学上，有一种心理现象叫作投射效应，指的是一个人如果自己具有某种属性、爱好或倾向，那么就会认为他人也一定会有与自己相同的属性、爱好或倾向。具有这种认知障碍的人，总是容易将自己的感情、意志强加到他人身上，从而常常理所当然地认为自己知道对方心中的想法。

日常生活中我们经常说到的"以小人之心度君子之腹"，其实就是一种典型的投射效应。具有这种心理的人，当别人的行为与自己不同时，就习惯用自己的标准去衡量别人的行为。比如，喜欢忌妒的人常常将别人行为的动机归纳为忌妒；在一个没有诚信的人眼里，任何人都不那么可信；心地善良的人，总不相信有人会加害于他；而敏感多疑的人，则往往会认为别人不怀好意。

说起宋代著名学者苏东坡和其一奶同胞的妹妹苏小妹，大家一定是再熟悉不过了。

当时，苏东坡有一个好朋友——佛印和尚，学识非常渊博，远近闻名，常常和苏东坡一起谈古论今，激扬文字。

这一天闲来无事，苏东坡又去拜访佛印。席间，两人像往常一样相对而坐。在谈论到某一个问题的时候，两人产生了分歧，争论了起来。情急中，气恼的苏东坡对佛印半开玩笑半认真地说："我看见你就像是看见一堆狗屎。"

佛印听了不但没有气恼，反而微微一笑，说："在我的眼里，你就是一尊金佛。"

听佛印这么一说，苏东坡暗自高兴，觉得自己占了便宜了。回家以后，他得意地向妹妹提起这件事，苏小妹听后大笑哥哥愚笨，说："你错了，在佛家有这样的一种说法，叫'佛心自现'，意思是，你看别人是什么，就表示你自己是什么。"

苏东坡顿时大悟。

不可否认，由于投射效应的存在，我们常常可以从一个人对别人的看法中推测这个人的真正意图或心理特征。

因为每个人都有一定的共性，都有一些相同的欲望和要求，所以，在很多情况下我们对别人做出的推测，应该说是比较正确的。但是，除了共性之外，每个人还有自己的个性，如果不考虑个体差异，胡乱地投射一番，就会出现错误。

在《庄子》中，就有这样的一个故事：尧到华山视察，华山人祝他"长寿、富贵、多男子"，尧都辞谢了。华山人说："寿、福、多男子，人之所欲也。汝独能不欲，何邪？"尧说："多男子则多惧，富则多事，寿则多辱。是三者，非所以美德也，故辞。"多寿、多福和多子多孙是人人都向往的东西，但尧却有自己不同的看法。所以当华山人以自己认为好的多福多寿和多子多孙来祝福尧的时候，遭到了尧的拒绝。这个故事的本意当然不是为了表达人与人之间的心理差异，而是为了颂扬尧的美德。但对我们来说，它也正是投射效应的一个极好表现和一个极好例子。

而且正是因为尧的与众不同的思想和超出常人的思想，使他成为了一个伟人。

由此可见，投射效应会给我们带来许多认知障碍，使我们对其他人的认识产生失真。而在现实生活中，绝大多数的人都习惯按照自己的思维模式来感知他人，而不是按照被观察者的真实情况来判断对方，结果自然可想而知。

在漆黑无人的小路上，一位年轻的司机在驾车行驶。

突然，汽车出现了故障而无法行驶。司机只好将车停下来。当他查出了车子的故障准备修的时候，顿时着急起来，因为他发现自己没带千斤顶。

怎么办呢？这时，他看见远处传来的灯光，一丝喜悦跃上他的心头。于是，他急急忙忙向灯光走去。

走着走着，他却变得越来越不安了，一个个念头在他的脑海中闪现：万一没人开门怎么办？万一没有千斤顶怎么办？即使有千斤顶，万一主人不肯借怎么办？问题不可抑制地一个个冒出来，使得年轻的司机越来越心烦。

在忐忑不安中，年轻的司机敲响了农舍的门。就在主人热情地打开门的同时，出人意料的事情发生了，年轻的司机居然一拳向主人砸过去，同时嘴里高声喊道："吝啬鬼，让你那糟糕的千斤顶见鬼去吧！"

看完这个故事，你一定哈哈大笑起来了。

在日常生活中，我们常常错误地将自己的想法和意愿投射到别人身上，以为自己喜欢的人和事物别人也喜欢。比如，许多父母以自己的兴趣爱好与特长，为子女设计前途，选择特长班、学校和职业，丝毫不考虑子女本人的想法和真实情况。所以，我们要记住，人与人之间既有共性，又各有个性。如果总是以己度人，那么我们将无法真正了解别人，也无法真正了解自己。

那么，如何避免这种效应呢？答案就是：用冷静、客观的头脑多观察、多分析。

我们在看人和事的时候，不能凭感情用事，不能够仅仅盯住眼前的表象，应该冷静和客观地对人和事从本质上进行分析。也就是我们要掌握从本质看人和事的能力。只有掌握了这种能力，才可能做出正确的判断，否则就要犯投射效应的错误。我们可以通过阅读有关书刊迅速掌握一些读人、识人的技巧，在生活的打磨中积累我们的读人、识人经验。

另外，世间万事万物都是处于不断发展变化中的。因此，我们看待人和事时，不能以过去度现在，否则也同样是犯了投射效益的错误。正如英国著名的外交家托马斯·潘所说："我们没有永恒的敌人，我们也没有永恒的朋友。"

> 宋朝时，有个叫郭进的官员，一向为官清廉，很受百姓的欢迎。但是，在他任山西巡检时，他的一个部下却到朝廷控告他。
>
> 宋太祖召见了那个告状的人，审讯了一番，结果发现这个人是在诬告郭进，就把他押送回山西，交给郭进处置。
>
> 当时，有不少人劝郭进杀了那个人，但是郭进没有这样做。当时正值外敌入侵，郭进对诬告他的人说："你居然敢到皇帝面前诬告我，证明你有点胆量。现在我既往不咎，赦免你的罪过。现在，我把你派到战场上去，如果你能出其不意，消灭敌人，我将向朝廷保举你；如果你打败了，就自己去投河，别弄脏了我的剑。"
>
> 那个诬告他的人深受感动，果然在战斗中奋不顾身，英勇杀敌，打了胜仗。

而郭进也确实是不记前仇，向朝廷举荐了那个人，使得他得到了提升。后来，两人成了非常要好的朋友，郭进也因此事而大得人心。

郭进没有以己度人，也没有以过去度人，使得战场上多了一位勇士，仕途中少了一个敌人。生活中，如果我们能够全面地、辩证地、客观地看待人和事，就会使我们做出正确的处事策略，就会使我们在人生的战场上游刃有余。

☕心灵茶社

俗话说："尔之砒霜，吾之熊掌。"这也是在告诫人们不要轻易地以己度人。投射效应使人们倾向于按照自己的思维模式来认知他人，而不是按照对方的真实情况来进行判断，因此导致了人们对他人的认识和判断总是不正确的。

在生活中，面对人和事，我们要有一个冷静和客观的头脑，对人和事多观察、多分析；并且要以发展的眼光来看待人和事，不要被过去的现象迷惑了眼睛。

攀比的山峰"永无止境"

知足常乐的人会生活得很开心，但是又有多少人能够做到真正的知足呢？人们总是在不断地拿自己与别人做比较，让自己内心产生很多痛苦与烦恼，感觉活得很累。

有时候，家长会对自己的孩子说："你看看，某某家的孩子还没有你条件好，你看看别人考多少分，再看看自己，你对得起家里吗?"类似的话会在无形当中给孩子很大的压力，让他心中承受太多的负担，这样不仅不能给他动力，还会让他不开心。我们在工作中也常常如此，总是在与同事攀比，觉得做同样的工作，别人得到的比自己多。

人总是生活在攀比中，常常迷失了自我，让本该属于自己的幸福擦肩而过。为什么我们总是拿自己与比自己强的人比呢，怎么不去看看身边那些不幸的人呢? 当我们感觉自己的工作不称心如意的时候，为什么不看看那些生活在病中而无法工作的人呢? 当我们因为没有钱而痛苦的时候，怎么不看看那些欠下巨额债务的人呢?

往高处看是无可厚非的，但当我们因为攀比而不开心的时候，也要低头看看身边。

有一个年轻人，经常抱怨自己家庭条件不好，导致自己一无所有。有一天，他遇到一位智者，于是便把自己的情况告诉了智者。

智者说:"年轻人，假如我要用五万元买你的一只手，你愿意给我吗?"

年轻人想了一下，说:"我不愿意!"

"那我出二十万买你的双手，愿意吗?"

"我不卖!"

"我出五十万让你把性命卖给我呢?"

"绝对不行!"

智者意味深长地说:"年轻人，你现在至少有五十万的资产，怎么能说自己一无所有呢?"

年轻人顿悟，从此不再抱怨，而是用双手去挣钱，很快变得富有了。

每个人都是富有的，只是我们还没有发现，没有领悟。看看身边那些痛苦的人，看看那些有残疾的人，难道我们不会为自己的抱怨而感到愧疚吗？

攀比并不会让我们更开心，知足常乐才是幸福的根源，我们不应该在金钱和名利上攀比，尺有所短，寸有所长，你在羡慕别人的同时，别人也在羡慕你。

王女士是一个比较爱玩的人，每逢朋友之间谁有什么聚会，她都会参加。但是，当朋友在一起谈论和老公外出旅游，或者老公给自己买了个名牌衣服之类的话题的时候，王女士只能坐在旁边当听众，附和性地笑笑。最近她老公被学校评上了特级教师，她变得有自信了，她感觉自己的老公是相当不错的，评为特级教师是一件令人兴奋的事情。因此，聚会的时候她也会参与到谈话之中，而不再是自卑地坐在一旁。一连几次，她参加聚会回去时心情都相当好。

有一天，她又去参加一个朋友聚会，其中一个朋友说自己的老公几年前就是特级教师了，现在又被提升为校长。但是那个校长夫人没多讲话，王女士也不了解她老公的具体情况，当别人热烈地谈论校长夫人的时候，王女士一直没有说话，她的心情糟糕透了，于是找借口去了洗手间。她发现镜子中的自己眉头紧锁，一脸的忧郁，就知道自己产生了嫉妒心理，于是赶紧找个借口离开了。

回到家中，王女士暗自下决心，以后只要那位校长夫人参加聚会，自己绝对不去。

很多爱攀比的人都是虚荣的，即便自己没有很好的条件，也要在气势上压倒别人，穿上最好的衣服，定最高档的酒店，没有车借车出行，这实际上是一种自卑的表现，这种人一般不会主动与别人讨论自己的目前状况，就会像案例中的王女士一样。

一个人如果把自己的幸福标准建立在与别人的比较中，生活中就会充满遗憾。比如，一个人习惯看向别人的肩膀，就会因为自己的肩膀没有别人的高而情绪低落，甚至气愤不平，当他努力挺直身板，感觉自己的肩膀有所升高，就会在心里窃喜。

攀比也许能给人带来短暂的快乐，但是也将许久为之难过。曾经有人统计过春节期间的开支账单，发现很多人在春节期间花掉了自己几个月的工资，有的人干脆把自己所有的积蓄全部花光了，春节过后就会无比失落；大多数人不愿意那么大方地花钱，但是出于"面子"，买礼品、送人情、卖衣服……一切都在攀比，都不想比别人差，不想在别人面前丢"面子"。

因为攀比，有的人贪污受贿，虽然得到了金钱，得到了一时的荣耀，但是却把自己送进了监狱；因为攀比，有的人不切实际地消费，即便手头没钱也要穿名牌，虽然表面很风光，内心却压力重重。

真正的幸福生活应该是冷静地思考，不去盲目地攀比，因为攀比并不会让我们更幸福。

心灵茶社

当我们为自己的生活状况而痛苦的时候，我们不应该只盯着比自己强的人，应该低下头，看看身边那些不如自己的人。其实，每个人都拥有很多让别人羡慕的东西，只不过我们总是因为攀比而看不到自己所拥有的，轻松自在的生活才算是幸福的，我们不要为了"面子"而攀比，这样只会增加烦恼。

人生就像足球赛，踢好自己的位置很重要

大家都知道，在足球比赛中，球员在场上的位置是很明确的，虽然有不少的前卫、中卫，甚至后卫也能进球，但仔细想一想，如果没有前锋在前面扰乱对手的防卫，那队友想要进球是绝对不可能的。如果每个队员能够在需要他出现的时候，刚好就出现在应该所处的位置上，那么赢得比赛的概率就会大大地增加。因此，从很大程度上说，球踢得好不好，就看队员对自己的位置把握得准不准。

在生活中，每个人其实很多时候恰恰也像在球场上一样，需要摆正自己的位置。位置有没有摆正，直接决定着自己会不会幸福。

为什么这么说呢？这是因为一个人的幸福感和成就感，往往取决于他的生存状态。而其生存状态的好坏又与自我的定位息息相关。

由于每个人所处的环境与地位不是天生平等的，每个人的天赋也有一定的差别，所以在现实的地位与环境中，只有先摆正自己的位置，才能避免好高骛远。

从前，有一个猎人，他十分喜欢出去打猎，而且，他的技术也是很好的。

这一天，他带上自己心爱的猎枪上山了。不一会，他发现远处有一只黑熊，这个猎人这辈子还没猎过熊呢，于是，猎人很兴奋。他端起枪瞄准了那只黑熊。但是，不幸的事情发生了，这只熊太厉害了，猎人不但没有射死它，反而被它抓走了。

抓着猎人的黑熊说："现在，你有两条路可以选择，一条是

自己举枪自杀，一条就是让我吃掉你。"

当然，猎人还不想死，于是恳求黑熊给他另一条路。黑熊就对猎人说："现在给你两条路，一条是让我吃掉，一条是帮我捉掉身上的虫子。"

不想死的猎人于是选择帮黑熊捉虫子。捉完后，黑熊很满足，就放走了猎人。

回到家后，猎人十分不甘心，总想着如何报复黑熊，于是就带着另一把枪上山，准备找黑熊报仇。他找呀找，终于在一座山上的一个角落里找到了那只黑熊，可遗憾的是，猎人还是没能将黑熊射死，且又被黑熊抓了。于是黑熊又给猎人两种选择，一是被他吃掉，一是帮他捉掉身上的虫。猎人不想死，于是又帮黑熊捉虫。捉完后，黑熊又放了猎人。

但猎人越想越不甘心，又带着一把枪上山找黑熊算账，终于又找到了黑熊，可惜他还是被黑熊抓住了。这时黑熊就对猎人说："你到底是来打猎还是来捉虫子的？"

当然，这是一个有趣的故事，但是在笑这个猎人失败的同时，我们也得到了一定的启示：凡事要量力而行，在做一件事情之前，一定要先摆正自己的位置，先想想自己有没有那个能力。如果只是一味地去做一件事，到头来一定会遭遇失败，从而遭遇失望和郁闷，痛苦的还是自己。可见，能够摆正自己的位置的重要性。那么，如何摆正自己的位置呢？

要想摆正自己的位置，就要先要认清自己，了解自己的优势和弱点。只有这样，人们在生活中才能量力而行，而不至于落得个"蚍蜉撼大树"的笑柄。就是说，只有认清自我，然后才能够正视自己，从而充分发挥自己的潜力。

在这之中，既不要自高自大，也不可妄自菲薄，一方面要相信天生我才必有用，另一方面要认清自己的能力底线，这样才会真正地找准自己的位置，做到该努力的时候不要放弃，该放弃的时候不必可惜，更好地实现自身的价值。

在一个美丽的花园里，生活着很多树木花草。它们都幸福而满足，所有的成员都是那么快乐，当然，除了那棵愁容满面的小橡树。小橡树为什么总是没有开心的笑容呢？原来，它一直被一个问题困扰着——它竟然不知道自己是谁。

这时，近旁累累果实的苹果树对小橡树说："如果你真的努力了，一定会结出美味的苹果，你看我多容易！"

美丽的玫瑰花也不甘示弱，说："开出玫瑰花来更容易，你看我多漂亮啊！"

但是，任凭小橡树按照它们的建议如何拼命地努力，都没有什么收效，它越来越失望，越来越觉得自己失败。

一天，一只翱翔于天空的鸟儿来到了花园，听说了小橡树的困惑后说："让我来告诉你怎么办吧！你不要把生命浪费在去变成别人希望你成为的样子上，你就是你自己。你要试着了解你自己，要想做到这一点，就要倾听自己内心的声音。"

鸟儿的话让小橡树茅塞顿开，它闭上眼睛细细地思量，终于找到了失败的原因：自己永远都结不出苹果，因为不是苹果树；自己也不会每年都开花，因为不是玫瑰。自己只是一棵橡树，自己的命运就是要长得高大挺拔，给鸟儿们栖息，给游人们遮荫，创造美丽的环境。

小橡树想明白后，顿觉浑身上下充满了力量和自信，它开始为实现自己的目标而努力。很快它就长成了一棵大橡树，赢得了大家的尊重。

因为摆正了自己的位置，小橡树充满了力量和自信，最终长成了一棵大橡树，获得了真正的快乐和幸福。

记得有一个人说过这样一段话：人生就像是一个五彩缤纷的气球，如果气球里的气已经满了，你还使劲往里吹气，那么，这个气球就会被吹破。是的，因为人的能力是有限的，一旦超出了极限，就会把自己压垮。

"在其位，谋其政"，人生在世，要时刻注意摆正自己的位置，这样才会取得事半功倍的效果。一切正如一位足球教练员告诫自己的队员那样，队员到了场上，一定要摆正自己的位置。而一旦把自己放在了一个不恰当的位置上，你虽然很努力，也不会成功。

☕ 心灵茶社

在生活中，每个人其实也像在球场上一样，需要摆正自己的位置。位置有没有摆正，直接决定着自己会不会幸福。因为一个人的幸福感和成就感，往往取决于他的生存状态。而其生存状态的好坏又与自我的定位息息相关。

由于每个人所处的环境与地位不是天生平等的，每个人的天赋都是具有一定的差别的，所以在现实的地位与环境中，只有先摆正自己的位置，才能避免好高骛远。

少计较，一切都会变好

每个人都在为自己的人生目标不断努力着、忙碌着，但是无论做什么，过得幸福才算得上是最终目的。幸福是人生的主题，生活在这个世界上，就要活出自己的价值，活出自己的意义，我们不应该计较太多。

很多时候，我们只看到自己身上的不幸，把自己的痛苦无限放大。如果我们不去计较太多，转变一下思想，放下这些不幸的事情，想一想自己还拥有些什么，就会有幸福的感觉。感受幸福其实是很简单的，因为幸福一直都在我们身边，只要我们用心体会，就一定能收获幸福。生活中，很多人是身在福中不知福，只是一味地计较得失，看不到幸福的一面。一个人能做到少计较，就能保持良好的心态，生活的路就会越走越宽广。

从前，有一个地主，他最憎恨的事情就是别人偷自己的东西，于是，在自己家挖了一个密室，把自己的所有财产全部藏了进去。两个儿子并不知道家里有间密室，所以，地主一直告诉他们说家里没有钱，要求两个儿子节衣缩食，过和普通老百姓一样的生活。

地主一直很会算计，所以每年都有一笔相当可观的收入，就这样过了十几年，他每天都小心翼翼、提心吊胆，非常害怕有人发现自己的密室。转眼间，两个儿子都结婚了，也都有了自己的孩子。

很快，地主的秘密被大儿媳妇发现。大儿媳妇是一个贪婪的人，她把自己所看到的一切告诉了丈夫。

地主恰好听到了大儿子与大儿媳的谈话，知道他们一定会想方设法把自己的财产找出来，于是就拿出一点钱财，故意锁在家中的一个箱子里。

果然，大儿子和大儿媳找到了地主拿出来的那些钱，他们拿到钱后到外地做生意去了，剩下二儿子一家照顾地主。二儿子一家把地主照顾得体贴入微，有什么好吃的都会让小孙子给爷爷送去，地主终于明白这才是自己想要的生活。于是，他把剩下的财产全部拿出来给了二儿子一家。

地主过分计较自己的财产，所以并不幸福，当他把财产给二儿子一家后，过上了幸福的日子。其实，幸福是发自内心的体会，不是金钱可以买到的，只有不计较太多，才能抛开烦恼，抓住幸福。

人的一生要经历很多事情，如果计较的越多，失去的也越多。在生活和工作中，我们每天都要经历很多事情，不管事情怎么变化，我们都应该看开点，以坦然的心态去面对所遇到的事情，再以一颗平常心来对待所有事情，如此一来就会把事情办得很好，让自己有成就感。

为人处世中，人与人之间免不了会产生摩擦，引起烦恼，若斤斤计较，就会越想越生气，这样只会把事端弄大；而计较的越多，失去的也就越多。如果遇事的时候糊涂些，自然会减少很多烦恼。

第二次世界大战期间，有一支部队被敌军包围在一片森林中，激战过后，两名战士与部队失去了联系。两个人是一起出来当兵的，所以关系不错，他们在森林里艰难跋涉，互相鼓励着，一周过去了，他们依然没能找到部队。

有一天，他们打死了一只鹿，就依靠鹿肉又艰难地度过了几天。也许是战争使得动物被杀光，他们再也没在森林中看见过任何可以吃的动物，仅剩的一点鹿肉是他们维持生命的希望。食物很少，竟然再次与敌人相遇，他们只能巧妙地避开敌人。就在他们认为已经安全的时候，突然一身枪响，背鹿肉的战士肩膀上中了一枪。

后面的那个战士赶紧跑上前，抱着自己的战友泪流不止，并把自己的衣服脱下来给战友包扎伤口。

晚上，那个没有受伤的战士嘴里一直念叨着母亲，两眼直勾勾的，他们都以为自己熬不过这一关了，虽然都很饿，但是谁也没有动剩下的鹿肉。他们熬过了一夜，第二天，部队救出了他们。

时隔三十年，那位受伤的战士说："我知道我中的那一枪是自己的战友开的，他抱住我的时候，我碰到了他发热的枪口。我想不明白他为什么对我开枪，也许是为了独吞鹿肉。后来，我知道他想为母亲而活下去。但是我当时不能跟他计较太多，如果我说破了，两个人就会拼命，可能谁也不能活着出来。是他的枪声让部队知道了我们的位置，我们得救也归功于他那一枪。"

如果受伤的战士当时说出自己知道的真相，两个人之间就会出现很大的冲突，受伤战士表现出来的"糊涂"是一种大智慧。现实生活中，很多人看似很聪明，做事的时候却经常遇到很多障碍，这不是他们的能力不行，而是他们计较的太多，该"糊涂"的时候没有"糊涂"，所以也会失去很多。

心灵茶社

如果一个人过分计较，就会感觉生活中到处都是不如意的事情，就会把自己的烦恼和痛苦放大。带着负面情绪去做事就会使事情变得更糟，从而更难以取得成功。凡事少计较，就能做到心胸豁达，以乐观的心态去做事，往往能事半功倍。

第五章

坚定目标，气定神闲地向前进

成功的秘诀，在于目标的明确

从前，在一片大的森林里，生活着一群猴子。每天太阳升起的时候，它们都会外出觅食，直到太阳落山，他们才会回到栖息地休息。这样的日子过得很平淡，但是也很幸福。

一天，一名游客在穿越森林时不小心将自己的手表落在了树下的岩石上，被一只猴子拾到了。

聪明的猴子很快就搞清了手表的用途，于是，这个猴子便成了众人捧敬的对象，他逐渐建立起威望，当上了猴王，整个猴群的作息时间也由他来规划。

做了猴王，这只猴子便认为这一切都是因为手表，是手表给自己带来了好运，于是它每天在森林里巡查，希望能够拾到更多的手表。

幸运的是，这只猴王运气的确不错，它不久又拥有了第二块、第三块手表。

但是，让它没有想到的是，之后得到的这些手表不仅没有给它带来更多的好运，反而给它带来了新的麻烦。为什么呢？原来，每只表的时间指示不尽相同，哪一个才是确切的时间呢？猴王被这个问题难住了。

这样一来，当有下属来问时间的时候，猴王再也不能对答如流了，总是支支吾吾回答不上来。更为糟糕的是，整个猴群的作息时间也因此变得混乱不堪。

猴王失去了原来的作用，猴子们自然不答应，于是在过了一段时间后，众猴子把它推下了猴王的宝座，而那几块手表也被新任猴王据为己有。

但很快，同样的困惑也开始困扰着新任猴王。于是猴王的宝座一换再换，猴群依然是混乱不堪。

这就是心理学上著名的"手表定律"——当只有一只手表的时候，大家可以知道确切的时间；而拥有两只或更多的手表的时候，反倒无法确定几点了。更多钟表不但不能告诉人们更准确的时间，反而会让看表的人失去对准确时间把握的信心。

这带给我们一种什么样的启发呢？那就是面对大量的自由选择时，人往往会不知所措。生活中，我们之所以常常陷入茫然和焦虑的泥潭而不能自拔，主要的原因就在于我们面前有着大量的选择，让自己变得无所适从，心力交瘁，不知该信哪一个，该选哪一个。

那么，面对众多的选择，我们该怎么做才不会乱了自己的阵脚，才能找到自己的目标，到达成功的终点呢？

比赛尔是撒哈拉大沙漠里的一个小村庄，它坐落在沙漠中间一块仅有1.5平方公里的绿洲旁边，要想从这个村庄走出沙漠，大概需要三天三夜的时间。令人吃惊的是，在英国皇家学院院士肯·莱文发现它之前，村里的人竟没有一个走出过沙漠。据说，不是他们不想离开那块贫瘠的土地，而是无论怎么尝试都走不出去。

肯·莱文通过用手语与当地人交谈得知，他们不管往什么方向走，最终都会绕回原来的地方。肯·莱文对他们的话表示怀疑，决定做一个实验来验证一下。他从村庄出发，一路向北，三天半的时间就走了出来。

为什么比赛尔的村民走不出去呢？肯·莱文非常不解，他决定找一个当地人给他带路，看看到底是什么原因造成他们走不出去。他们牵了两匹骆驼，准备了半个月的干粮和水，出发了。

他们花费了 10 天，一共走了 800 英里左右的路程，还是没能走出沙漠。在第 11 天的早晨，他们眼前终于出现了一块绿洲。朝着绿洲走去，果然又重新回到了比赛尔。肯·莱文终于明白比赛尔人为什么走不出沙漠了，因为他们没有指南针，也不认识北极星。

在沙漠行走，如果没有什么用来辨别方向，仅凭人的感觉往前走，就会走出许多大小不一的圆圈，足迹像一把卷尺一样。比赛尔处在一望无际的沙漠中间，方圆千里都是一样的景象，没有辨别方向的东西确实很难走出来。肯·莱文离开比赛尔时告诉那位当地村民，想走出沙漠，只要夜里朝着北面最亮的星星走，白天原地休息，就一定能走出沙漠。当地有人按照肯·莱文说的去做，果然走出了沙漠。

生活就像比赛尔人尝试走出沙漠一样，大家一次又一次尝试着改变现状，可是由于没有明确的方向，没有指路的工具，会迷失在现状里，总也走不出来。而想走出困境，并不困难，那就是在众多的目标中认准一个，并且找到指路明灯，照着那个方向和目标坚定不移地走下去。

很多人要求罗斯福总统夫人给刚走出校门的那些非常渴望成功的年轻人一些建议，总统夫人总是谦虚地摇头。但是，针对这个问题，总统夫人讲了她年轻时候的一件事。那时，她还在本宁顿学院读书，很想一边学习一边找个工作。她理想的目标工作是电信业，那样就可以顺便多修几个学分。工作的事情是她的父亲帮她联系的，父亲带她一块去见他的朋友，也就是当时任美国无线电公司 CEO 的萨尔洛夫将军。

当她单独约见萨尔洛夫将军的时候，萨尔洛夫将军直截了当地问她想要一份什么样的工作，具体属于哪一个工种。她当即表示自己喜欢他手下的任何工种，自己是否做出选择已经无所谓了，无论萨尔洛夫将军安排什么工作，自己都会很乐意接受。

总统夫人的回答让萨尔洛夫将军变得很严肃，他停下手中的工作，用眼光注视着她，明确地告诫她：世界上没有一种工作叫"随便"，只有目标才能铺就成功之路。

作为一个人，要想有所作为，一定要给自己确定一个明确的目标。现实生活中，很多人忙忙碌碌，但是不能取得成功，这不是他的能力出了问题，而是没有自己的目标。由于没有方向、目标，徒劳做了很多无用功。

当我们面对大量的选择时，究竟该做出怎样的选择，确立什么样的目标呢？其实很简单，只要你认真思考后，选择自己认为是正确的、喜欢的，并鼓励自己持之以恒地不断努力，就可以了。

当然，我们很多情况下无法一下子找准我们的方向和目标，需要经过数次的判断和分析才能做到。所以，在前进的过程中，我们可以根据自己遇到具体情况和对自己进一步的认识，对自己的目标和方向做出调整。但认准之后，我们就要持之以恒，勇往直前，这是我们到达终点的保证。所有成功的人无一例外都是这样取得他们的成就的。

☕ 心灵茶社

更多钟表不但不能告诉人们更准确的时间，反而会让看表的人失去准确把握时间的信心。生活中，我们之所以常常陷入茫然和焦虑的泥潭而不能自拔，主要的原因就在于我们面前有着大量的选择，让自己变得无所适从，心力交瘁，不知该信哪一个。"选择你所爱，爱你所选择"，如果我们面对大量的选择时能够这样做，那么，无论成败都可以心安理得。

让目标成为前进的"永动机"

如果一个人心中有一个明确的目标，就不会陶醉在眼前的成功之中，也不会被暂时的挫折吓倒。目标确定我们成功的方向，有了目标，我们就会对自己所做的事情很感兴趣，从而引导我们走向成功。

一个人活在世上，如果没有了奋斗的目标，就好像在大海上航行的船没有了舵，不管怎么奋力航行，都无法到达彼岸。无数的事实证明，一个人要想成功，必须要设立自己的人生目标。没有目标也就没有具体的行动计划，做事的时候就会敷衍，再大的才能和努力都是白费。

目标确定我们成功的方向，激励我们不断地前进。一个人，如果没有目标，就会毫无头绪，即便做事踏实，也很难把努力用到点子上，不会有好的成绩。有些人自认为已经很努力了，觉得自己得到的回报与付出不成正比，心里会很失落，不知道该如何走出困境。所以，想要成功，必须给自己定个目标，这样就会有方向感。

一个人，一旦制订计划，树立目标，就会显现出广阔的胸怀，说明这个人眼光比较长远，自然就会收获多一些。相信每个人都曾有这样的体会：当你需要到一个距离自己十千米的地方时，走到七八千米处就会感觉特别累，因为目标很快就要完成，所以心中就懈怠了；当你需要到一个距离自己二十千米的地方时，在七八千米处还只是一个开始，你心中肯定不会懈怠。所以说，目标的大小确定我们成功的方向，即便是同样的目标，大小不一样，给我们带来的成就也是不一样的。

制定了计划，树立了目标，必定会为自己的目标规划自己的路，工作中的琐事就显得微不足道了，大体的方向一旦定下，就能把目光放得长远，顾全大局，不会为短暂的失败而烦恼。关于目标对成功与否的影响，有这样一个案例：

> 在一个建筑工地上，有三个建筑工人在炎炎烈日下干活，一丝风也没有，他们热得大汗淋漓。一个路过者看到他们如此辛苦，就走到身边问他们为什么如此卖命干活。第一个工人连头都没有抬一下，继续干着自己的活儿，不耐烦地说："没看见吗？我在砌砖，挣钱！"第二个工人停下手中的活儿，擦了一下汗水，抬起头说："我要砌完这面墙。"第三个工人站直了身子，看了一下自己的成果，很激情地说："我在建设一座世界上最漂亮的房子。"
>
> 听了三个人的回答，路过者若有所思，他已经判断出这三个人的未来：第一个工人为了挣钱，砌更多的砖是他的目标，一生中能把砖砌好就算是不错了；第二个工人把砌一面墙当成自己的目标，他可以通过自己的努力成为一名技术人员；第三个工人目标远大，他的眼光放得更远，一定会大有作为。

没有目标的人看事情往往只能看到眼前的得失，会很在意当时的状况，纠结在短暂的失败中不能自拔，消极情绪会阻止他们前进的脚步。没有目标是烦恼的主要根源，没有目标的人遇事不会去讲究前因后果，不知道从长远利益出发，把眼前的得失看得太重。

没有目标是做不成任何事的，目标能使人们敞开心扉去树立自己的信心，做事的时候就会有勇气和胆量，能够从容地制定解决问题的方案，应对各种复杂的局面。人有了目标，就有了前进的方向，能使自己的心态变得更积极，摆脱犹豫不决的束缚，摆脱沮丧和烦恼情绪。

目标能激发人的潜能，一个人如果不积极向上，遇到一点挫折就烦恼不已，让自己颓废得不知前进，就会彻底失败。在现实生活中，因为烦恼而认不清大局导致抱负消亡的人数不胜数，尽管看上去他们只是没有进步而已，实际上，他们对工作和生活的激情已经熄灭了，只能生活在无边的黑暗之中。

对于任何一个人来说，不管所处的环境多么恶劣，只要保持积极向上的心态，对生活的热情就能永远像燃烧的大火，照亮一生。但是一个人如果没有目标，做事就会毫无头绪，遇到棘手的问题就会找不到出路，然后就会烦恼、颓废，让自己的精力消耗殆尽。

有了目标就有了努力的依据和方向，便会把所有精力投入到自己既定的目标上，把握好生活中的所有事情，让大局都朝着自己的目标发展，做事也会分清轻重缓急，不会为小事烦恼。

目标是人生的一种价值取向，一旦树立了目标，就会把目标视为人生的价值和幸福，能唤起自己极大的热情，激发自己的斗志，产生一种强大的动力，让自己积极地、主动地投入到工作和生活中。在这一过程中，人生就会变得很充实，如果目标得以实现，就会有很强的成就感，不再会为不起眼的小事儿而烦恼。

☕ **心灵茶社**

我们投入自己的精力能够完成的目标才算是合理的目标，这样的目标能确定我们成功的方向，激励我们去实现它。自己全力以赴奔着自己的目标去做事，就会很有方向感，即便遇到挫折也能从全局出发，找到合理的解决方案，不至于让自己陷入困境。

制定目标，要看得远一些

对于很多刚刚踏入社会的年轻人来说，"高不成，低不就"的现状让他们感觉这个社会不属于自己，于是整天烦恼不断。其实，每一个公司都不会只看眼前利益，而是看重长远利益，年轻人在找工作的时候也不应该过分注重短暂的经济效益而忽视个人发展。

正所谓"风物长宜放眼量"，应该把目光放长远一点，不要只关心刚去的时候公司给自己的待遇怎么样，这样就很容易忽视职业的发展前景。有些求职者工作之初根本不看重自己的工作性质，只要能挣钱，什么都无所谓，这是一种急功近利的心态。实际上，一份好工作必须要兼顾眼前利益和长远发展，很多时候，看起来很近的路其实很远，看起来很远的路其实很近。

求职如此，做事也是如此。生活中会有很多挫折，如果我们做事的时候不能坚定信念，遇到挫折后知难而退，无异于给自己的人生设限。一旦自我设限，人生就会变得很平庸，如果一直给自己设限下去，就会失去奋斗的目标，再也没有机会突破自己，即便自己有再大的潜能也发挥不出来。遇到挫折的时候，我们应该着眼长远的发展，只要我们在信念的支撑下努力前行，就一定能有所突破。

很多人就是因为不知道自己的潜能到底有多大，所以才降低自己的目标，这种做法看似很安稳，但是低目标会束缚自己，对自己的前进有很大的阻碍作用。在做一件事之前，我们不妨把自己的眼光放长远一点，那样，人生就会提高一大截。

心指引人生的目标，一个人的思想不能被环境所困扰，不要太在意自己头顶的屋檐是高是低，这些并不重要，重要的是他的眼光是否长远。

在一个偏远的村庄里，群山连绵起伏，村子里几乎没有人走出过村子。有一天，一个孩子问爸爸："山的那一边是什么？"

因为那个爸爸也不知道山的那边是什么，就回答说："还是山。"

儿子很好奇，就接着问："山的最外那一边是什么呢？"

爸爸磕了一下烟袋，肯定地回答："还是山。"

儿子疑惑了，这是他长这么大第一次不相信爸爸的话。他认为山的那一边一定不是山，于是，在心里联想着各种美丽的画面，并且下定决心去看看山的另一边到底是什么。

后来，孩子长大了，他背着包袱准备走出祖祖辈辈都不曾走出的山村。一路上，他不辞辛苦，坚定自己的信念，终于走出了那一片连绵不断的大山，他的面前是一片蔚蓝的大海。

如果那个孩子听信父亲的话，他一辈子都见不到大海。其实，我们每个人都有一个属于自己的舞台，那个舞台就在我们的内心深处，把眼光放长远点，我们就能在自己的人生舞台上展现自己最具风采的一面。

要想成就一番事业，就应该发现自己适合做什么，找到自己的舞台并抱有一定成功的信念，就能逐渐走向成功。在别的舞台上，你永远是一个配角，活出自己的精彩才算没有白活。

如果一个人眼光短浅，做事情只看重眼前的得失，就会活得很痛苦，在烦恼中度过平庸的一生。人的潜能是巨大的，可怕的是不相信自己，那样就会把自己的能力埋藏。成功者也是从一个普通人走向成功的，他们并没有三头六臂，智力也与常人没有太大的区别，关键在于他们相信自己，敢于去为自己的目标奋斗。

一个人要想取得成功，仅有崇高的理想是不够的，还要有锲而不舍的精神，能够忍受别人的怀疑、嘲笑，甚至贬斥。只要我们把眼光放长远点，怀抱伟大的理想，未来就掌握在自己手中。

作家林清玄出生在一个普通的农民家庭，他从小就跟着父母下地干活。每次干活累了，他都跑到地头上，蹲下来，看着远方出神。父亲看见了，就问他："儿子，你长大了准备干什么啊？"

他想了一下，对父亲说："我长大了，最不想干的事儿就是种地，也不想上班。我要天天坐在家里，让别人把钱直接给我寄到家里。"

父亲笑了，拍拍林清玄的头说："傻孩子，你这是做梦，世界上哪有坐在家里等别人送钱的好事儿？"

后来，林清玄上学了，他从课本上知道了金字塔，就对父亲说："爸爸，我长大了也要去看金字塔。"

父亲依然笑着对他说："你这是在做梦。"

十几年后，林清玄长大了，他写文章、出书，当了作家，每天坐在家里写作，报社和出版社直接把稿费寄到他家里。有了钱，他就去看了金字塔。站在金字塔前，他默默地说："人生没有什么是不可能发生的，就怕自己想都不敢想。"

把眼光放长远点，我们想做到的事情就能做到。如果一个人的能力能做到一件事，但是因为眼光短浅而没有去做，这是多么悲哀的事儿啊？只要我们把眼光放长远些，就会很容易取得成功。所谓成者，就是爬起来的次数比跌倒的次数多一次，不管遇到什么事情都不急不躁，而是勇敢地站起来，就一定能战胜困难。

人生最可怕的事情不是失败，而是失败之后烦躁不安，从此变得平庸。如果一个人对生活的要求仅仅是吃饱穿暖，他就将失去改变生活的激情，就会变得平庸，做一辈子的失败者。

心灵茶社

在这个充满竞争和挑战的时代，眼光不长远的人不可能有好的发展。如果做事的时候仅看重眼前的利益，就会烦恼不断，很难走出生活的泥潭，然后在烦恼中平庸地生活。长远的目标是我们发展的动力，只要我们坚定不移地去为实现目标而奋斗，就会取得成功。

实现目标，要"拆大为小"

很多人在做事的时候经常半途而废，这并不是他所做的事情存在多大困难，而是取得成功要走很远的路，如果他们把这很远的路分成若干个部分，逐一完成，就会很轻松取得成功。细化目标使我们的速度更快，所以，我们应该把大目标分成若干个小目标，否则，长时间达不到目标就会让人非常疲倦，继而产生怠慢心理，甚至有些人觉得自己的目标遥不可及，而在中途放弃了自己的追求。

有些人每天都在做一举成名、一步登天的美梦，这是不现实的，不仅仅是因为一个人的能力有限，还因为成大事必须经过长期的历练。真正成就大事的人都是从大处着眼，从小处着手，从小的目标开始，一点一点向自己的目标迈进。把大目标细化，分阶段地完成小的目标，就可以尝到成功的喜悦，继而产生更大的动力去实现下一阶段的目标。

1984 年，国际马拉松邀请赛在东京举行，之前并不被人注意的山田本一竟然出乎意料地夺得了世界冠军。这个名不见经传的日本选手立即引起了媒体的关注，当记者问他是靠什么力量取胜的时，他只说了几个字："靠智慧取胜！"

两年之后，国际马拉松邀请赛在意大利举行，山田本一再次获得了世界冠军。记者让他谈谈自己的经验，山田本一笑着说："我没有什么经验，只是靠智慧取胜。"对于山田本一的回答，"靠智慧取胜"成了众人议论的热点，大家都对此迷惑不解。

后来，山田本一在一本自传中解开了"靠智慧取胜"的谜，他说："每次参加比赛之前，我都要乘车把比赛的路线好好研究一遍，并仔细记下赛程上比较醒目的标志。比赛开始以后，我会以很快的速度朝着自己定下的第一个目标冲去，当我看见别人都在我后面的时候，我就会很有成就感，也更有力量，于是以同样快的速度冲向我自己定下的第二个目标。四十多千米的赛程，我可能会把它分成八九个小的目标，在完成一个个小目标的同时，我就离终点越来越近了。刚开始的时候，我并没有采用这种方法，结果跑到差不多一半的时候就已经疲惫不堪了，一想到前面还有那么远的距离，就会被吓倒。"

把大的目标分解成小目标，目标就会变得更加明确，达成目标的决心和信心就越强烈。生活和工作中，我们都有自己的目标，要想达到自己的目标，关键在于把目标细化。

一个人要想让自己的生活变得更有意义，就要树立目标。当然，如果还没有想好怎样实施自己的计划，就会认为自己的目标很大，要想完成目标会变得相当困难，这个时候，可以把自己的大目标分解成几个小目标，再把细化的小目标逐一完成，用这种方法可以让自己克服畏难心理。

在完成小目标时一定要有信心，做事情不能半途而废，要坚持不懈，认真地做好每一件事情。等自己完成一个小目标后，要及时总结经验，增强自己的自信心，然后向另一个小目标进发，全力以赴去完成它。这样去攻克自己的难题，就会感觉很快乐，不至于被自己的远大目标吓倒。当你完成一个个小目标，就会发现自己的目标不过如此，并不可怕，这种自信会让你不惧怕难题，遇到事情不再烦恼，而是冷静地拆分处理。

有一个新组装好的小闹钟，被放在了两个旧闹钟中间。两个旧闹钟"滴答，滴答"地走着，其中一个旧闹钟对小闹钟说："朋友，你也应该工作了，但是我很担心你，你身板这么小，能走完五千四百万次吗？我恐怕你吃不消。"

"五千四百万次？天呐，这也太多了吧！"小闹钟吃惊不已，"要我办这么大一件事情，我肯定办不到。"

另一个旧闹钟说："不要听它说的，你不用害怕，你只要一秒走一次就行。"

小闹钟半信半疑，说："天底下哪有这样的简单的事情？如果真是这样的话，我就试试。"

小闹钟很轻松地走着，一秒走一次，不知不觉中，它走了五千四百万次。

每个人都希望自己能够取得成功，但是成功好像遥在天边，当我们努力很长时间依然见不到成功的影子时，就会变得怠慢，开始怀疑自己的能力，甚至中途放弃。每个人都应该有一个大的目标，更应该知道实现大目标具体的每一步该怎样去做。我们大可不必想以后的事情，只要想着当下应该干什么，明天又该干什么，然后努力去完成，就一定能像那只小闹钟一样，完成看似不可能完成的目标。

任何一个大的目标都可以分成很多个小目标去逐一完成，即便不能一下子达到最终目标，只要向前迈出一小步，就会离最终目标更近一小步。不管一件事情有多难做，只要把它分成几步，然后一步一步走，就一定能成功。

☕ **心灵茶社**

> 要给自己的远大目标设定一个合理的框架，分解成小的目标去逐个攻破，这样就不会不知如何下手。当我们完成一个个小的目标，自己的远大目标也就完成了，就会很有成就感，增强自己的自信心，不再为微不足道的小事儿烦恼。

前进的路上不要钻牛角尖

有一只小老鼠，钻到了牛角尖中去了，它不管怎么努力都跑不出来了，于是就使劲儿往里钻，它以为只要往前钻就一定能出来。这个时候，牛角说话了："朋友，你还是赶紧退出来吧，里面越来越窄，再往里钻你会被卡住的。"

小老鼠听了牛角的话，十分生气，说："你太小看我了，我可是个百折不挠的大英雄，不管做什么事情，我只会坚持向前，绝不容许自己有半步后退。"

牛角笑了笑，说道："选择正确的路，不断向前当然可以称得上英雄，但是，你这次选择错了方向。"

"谢谢你的善意提醒，"小老鼠边往里钻边说，"不过，我从生下来就开始钻洞过日子，怎么可能选择错了方向呢?"没过多长时间，小老鼠就卡死在了牛角尖里。

其实，只要那只小老鼠退出来就能获得自由，自己坚持错误的方向而不知悔改，最后死在了牛角尖里。有时候，人也经常犯类似的错误，常把自己逼得走投无路。

如果一个人总是"钻牛角尖"，那他就是和自己较劲儿，自己跟自己过不去。比如，本来自己不善言辞，却一心想当个演说家;本来自己经济不宽裕，非要买名车豪宅……这些做法是刻板的，因为他们忽略了自身条件和自身优势，逼迫自己在不可能实现的事情上下功夫，只能给自己带来无尽的烦恼。

人应该具备变通能力，对于自己想做的事情，最好有一定的心理准备:达到目标最好，达不到目标也不烦恼。如果做到这一点，在做事途中遇到困难的时候，就会想方设法去寻找解决办法，战胜挫折，达到自己的目标;如果达不到自己的目标，也绝不会气馁，而是及时调整自己的价值取向，去寻求新的途径来实现自己的价值。

人的思想是无形的，所以很容易迷失方向，甚至会一条道走到黑，最后困在死胡同里，尽管如此，还不知道自己错了，还继续前行，一个没有出路的思想会让人与成功擦肩而过。不少人被"钻牛角尖"的心理特性袭扰，有的甚至为之烦恼不已，更有甚者无法自拔，最终失去理智，迷失了人生的方向。

章鱼没有脊椎，并且身体非常柔软，柔软的身体造成了它们特殊的生活特性:它们可以钻进任何一个自己想去的地方，哪怕只有铜钱大小的洞，它们都可以钻进去。章鱼喜欢钻洞，渔民了解了它们的习性之后，就想到了捕捉它们的好办法。他们把很多小瓶子穿在一起，然后让瓶子沉到海底。章鱼见到小瓶子后就拼命往里面钻，也不管瓶口有多大。它们钻进瓶子以后，就用头撞击瓶底，以为只有向前才能出来，结果都成为餐桌上的菜肴。

真正困住章鱼的并不是瓶子，而是它们自己，因为它们不知道进去的地方同样可以出来，只要转个身就能逃脱。其实，很多人也有这样一个"瓶子"，他们拼命往里钻，最后把自己困在里面，却不知道回头。

"钻牛角尖"是一种不正常的心理，会给人们带来很多烦恼。比如，你见到一个朋友迎面走来，你打招呼，他却没有理会，你就会觉得朋友很傲慢，看不起自己，结果越想越生气，发誓不再与他有任何来往。其实，没有必要这样做，也许朋友并没有看见你，只要你能放开心态，不计较那么多，思想就不会困在死胡同里。

生活中，爱钻牛角尖的人往往都是比较爱面子的，他们做事比较认真，性格要强，凡事都追求完美，不管做什么事情都一定要弄出名堂，到最后结果并不能使自己满意的时候，就会自己跟自己过不去，对鸡毛蒜皮的小事开始计较。这类人通常会让人感觉到气量小、心胸狭窄，在人际关系和日常生活中很容易碰壁，也经常无端地使自己陷入烦恼之中。

其实，爱钻牛角尖的人往往都是比较聪明的，如果他们有一项特长，并去从事某项专门的研究，就能凭借自己的执着取得成功。

"横看成岭侧成峰，远近高低各不同。不识庐山真面目，只缘身在此山中"，只是因为看待事物的角度不同，所以有些人爱钻牛角尖。当一个人钻牛角尖的时候，可能不知道自己正在走向死胡同，甚至还在标榜自己有百折不挠的意志。假如在这种情况下还觉得快乐的话，接下来所取得的结果会让他们变得更加痛苦和烦恼。

一般意义上的"钻牛角尖"比较容易调整，只要加强自身修养，克服自己的不良心理，学会客观地看待周围的人和事，就能及时调整过来。不钻牛角尖的人往往比较有创造性，只要我们充分发挥自己的能力，注意克服自身的缺点，就会变成一个比较有创造性的人，并且在创造的过程中获得无限的乐趣。

☕ 心灵茶社

对待生活中的人和事，我们要客观地去分析和判断，不能凭自己的一己之见就下结论，在为人处世的过程中，还要根据实际情况及时调整自己的计划和目标。凡事变则通，只有我们创造性地做事，才能避免自己钻进死胡同。

只要敢去想，就会有可能

在日常生活中，几乎所有人都会遇到类似的事情：当别人问你手头的事情是否做完时，我们的第一反应就是自己所做的事情有很多难以解决的问题，因此没有那么顺利完成。于是，"问题多"就成了很多人不能按时完成工作或者逃避责任的借口。

成功者是从来不给自己找借口的，他们坚信自己能把所有的事情处理得很好，坚信世上没有解决不了的问题，有的是不能解决问题的人，因为办法总是比问题多。

生活中，"问题"和"办法"就像是一对孪生姐妹，有"问题"就一定会有"办法"，面对出现的问题，只有主动去想解决问题的办法，才能找到解决方案，办法总是比问题多，自我限制是走向成功的最大障碍，是自己给自己找借口，会阻碍我们实现自我的步伐。

只要我们遇到麻烦事儿的时候不找借口，认真地去分析事情，就一定能找到解决办法。一个会解决问题的人可以在纷扰复杂的人生环境中轻松地驾驭自己的人生，不管什么事情都能解决得很好，把不可能的事情变成可能的事情，最终达到自己的目的。

在职场上，有些人总感觉有些事情凭自己的能力是不可能完成的，其实未必，只要问题出现了，就一定会有解决办法，而且不止一种办法，即便是看起来不可能解决的问题，如果能静下心来认真思考，也能找到一种比较稳妥的解决办法。

詹妮芙·帕克是美国非常有名气的女律师，她曾经打赢了在其他律师看来是不可能赢的官司。当时，有一位女士被美国的一个著名汽车公司制造的卡车给撞了，导致那位女士不得不切除四肢保命。在法庭上，那位女士说不清自己是被卡车卷入车下的，还是自己摔倒以后倒在车下的，对方的律师巧妙地利用那位女士的说辞，拿出了很多证据，推翻了车祸目击者的证词，取得了官司的胜利。

那位女士败诉以后几乎要绝望了，于是找到詹妮芙·帕克律师，请求她帮助自己打赢这场官司。詹妮芙·帕克调查了那家汽车公司今年来的所有车祸，发现车祸的原因都是一样的，就是制动系统存在问题，车子在紧急刹车的情况下，后轮会打转，以至于把车祸受害者卷入车下。于是，詹妮芙·帕克决定为那位可怜的女士伸张正义，她找到对方的辩护律师，说明那家汽车公司生产的汽车制动系统存在问题，故意隐瞒这一事实是有违道德和法律的，希望汽车公司能拿出二百万美元赔偿那位女士，否则就会对那家公司提出控告。

对方的律师也是一位很有经验的律师，他听了詹妮芙·帕克的质疑之后，并没有立即反驳，只是说："那行，但是，我这两天出国办点事情，一个星期之后才能回来，到时候我和他们研究一下，你等我的结果就行。"

詹妮芙·帕克心想，只要对方愿意研究就有很大的希望，于是耐心地等了一个星期，可是约定的时间到了，那位律师却没有给自己来电话说明研究结果。詹妮芙·帕克感觉很奇怪，于是查看了一下日历，这才猛然惊醒，原来诉讼的时效已经到期了。她几乎被气疯了，心里直骂那位律师卑鄙，但是一切都已无济于事。

詹妮芙·帕克问自己的秘书，说："准备这份案卷大约需要多少时间？"

秘书回答说："大概需要三个小时，现在已经将近下午两点了，就算我们能把案卷草拟出来，再交给律师事务所，由他们草拟一份新文件交给法院，也来不及了。"

詹妮芙·帕克急得团团转，突然，她想到那家汽车公司在美国有很多分公司，自己完全可以利用时差把起诉的地点换一个地方，夏威夷与纽约时差有五个小时，在夏威夷起诉完全来得及。

去夏威夷起诉，这就赢得了时间，在法庭上，詹妮芙·帕克列举了事实，这让陪审团的成员大为吃惊，于是，官司取得了胜诉，那家汽车公司赔偿了那位女士六百万美元的损失费。

这个故事告诉我们：找到解决问题的办法并不是一件容易的事情，但是，办法总是有的，只要我们用心去思考。在工作和生活中，我们遇到难题的时候也是一样，只要我们能坚持自己的原则，就一定能找到解决办法，并且办法总是比问题多。

人与人之间存在一定的差距，这些差距不是头脑的差距，更多的是体现在内心是否有坚定的信念。

曾经有专家调查过，一般情况下，人们思考问题的时候只用了自身全部能力的百分之三，只有绞尽脑汁去思考一个看似无法解决的问题时，才能把其他百分之九十七的潜能调动出来。

如果我们面对问题的时候，只是一味地退缩，会让问题显现得更加复杂，而主动去寻找解决办法，就会找到出路，所以，在生活和工作中，我们遇到问题的时候，千万不要退缩，办法总是比问题多，即便我们深陷问题泥潭，只要改变一下自己的思维方式，就会发现，挫折把我们逼入绝境的时候正是挖掘潜能的最佳时机，只要我们好好把握，就能把不利局面扭转成有利局面，问题就会"甘拜下风"。

心灵茶社

遇到问题的时候，经验能帮我们解决很多问题，但是也同样会让我们走进思维定式，当遇到自己不曾遇见的问题时就会找不到解决办法。这个时候，我们应该改变一下思维方式，从其他角度来观察这个问题，或许我们就能找到一条捷径，因为办法总是比问题多。

只有不放弃，才能出奇迹

生活中有急性子的人，也有慢性子的人。急性子的人遇事毛毛躁躁，急于求成；慢性子的人稳稳妥妥，不慌不忙。不可否认，急性子的人因为讲求速度，所以做事很有效率，但事情的成败，或者一件事做得好不好，并不完全由效率决定。俗话说"慢工出细活"，有时候，慢性子的人做出的活要比急性子的人做出的活质量更高。

早上上班的时候，一大群人在公交站等公交车，慢性子的人知道公交车迟早会来，所以大多会耐心去等。而急性子的人则东张西望，抓耳挠腮，踮脚引颈，一副急不可待的样子。眼看着公交车迟迟不来，急性子的人等不及地打的而去。而颇具戏剧性的是，每次此类人前脚刚走，公交车后脚就来。

有一对恋人，女孩是名大学生，男孩是个军人。由于是异地恋，他们通常要付出更多的耐心来经营感情。他们相爱时需要花费更多的时间来等待，等待一个电话、一条短信，或者一个网上的视频。由于距离所限，他们不可能频繁地见面，因此只能通过网络视频相见。可即使是这样的见面方式，他们也要准备好些日子。女孩儿曾说，有一个周日，男孩有半天的休息时间，于是他们约好在网上相见。男孩匆匆地奔向网吧，女孩则停下手里的杂物活，静静地坐在电脑前等待这场相见。

这样的爱情是美好的，因为两个人共同期待、共同守候这份约定。虽然只是短时的见面，也许只是相互看看对方，听听对方甜蜜的话语，但已经足够让他们尝到爱情的美妙和幸福。因为这种甜蜜和幸福来之不易，所以他们会倍加珍惜。可这种幸福的前提是，两个人都要学会宽容和忍耐，如果其中一个人性情狂躁，缺乏耐心，那么结局一定是不堪想象的。

怀着一份期盼的心去行走，这样的日子即使会有等待，也注定不会寂寞，就像那对恋人，他们在想念的日子里，享受了爱情的甜蜜，明白了等待的意义。

生活中还有各种各样的等待，是非常富有意义的。

有一年，美国一个园艺所贴出了一则寻找纯白金盏花的启事，丰厚的奖金令许多养花爱好者趋之若鹜。我们知道，自然界中，金盏花只有两种花色，除了金色就是棕色，要培育出一株白色的金盏花，无异于天方夜谭。成功的概率相当渺小。很快，人们就把那则启事给淡忘了，因为没有人不认为那是一件不可能的事。

时光飞梭，一转眼20年过去了。一天，这家园艺所意外地收到一封热情的应征信和一粒纯白金盏花的种子。人们惊呆了，难道世上真有纯白金盏花？还是有人故意戏谑？

但事实是，这的确是真的，寄种子的是一位年逾古稀的老妇人。20年前，她就是狂热的养花爱好者，她见到启事后始终没放弃，尽管八个儿女一致反对，她还是义无反顾地干了下去。

第一年，她种下一些最普通的金盏花种子，花开后，她从那些金色的、棕色的花中挑选了一朵颜色最淡的金盏花，任其自然枯萎，以取得最好的种子。次年，她把精心选好的种子种下去，然后再从这些花中挑选出颜色更淡的花的种子栽种。以此类推，春种秋收，周而复始。生活再难，阻挠再多，嘲笑再多，她都没抱怨过一声。丈夫去世了，儿女远走了，但惟有种出白色金盏花的愿望在她的心中根深蒂固。

终于，在20年后的一天，她在那片花园中拾获了一朵如银如雪的白金盏花。于是，一个连专家都解决不了的问题，在一个不懂遗传学的老人长期努力下，最终迎刃而解。

白金盏花的盛开缘自老人的耐心和坚持，仔细想想，人生何时不需耐心。所以，很多时候，人生只是因多了一点点耐心就会变得与众不同。当我们想要愤世嫉俗地责骂和抱怨这个社会时，不如多一点点耐心，也许就是这一点耐心，就能改变你的一生。

台湾作家张小娴有一篇文章叫《别放弃，再等等》，她在文章中写道：最好的东西，往往是意料之外，偶然得来的。有时候，拍照拍了一卷胶片，最后的一两张胶片，本来不打算拍的，为免于浪费，随便拍了两张。谁知道胶片冲出来之后，效果最好的就是最后拍的那两张……不到最后一刻，千万别放弃。最后得到的好东西，不是幸运，有时候，必须有前面的苦心经营，才有后面的偶然相遇。

是的，等待黎明的时光是难挨的，等待梦想开花结果的期待也显得那样渺小，许多人抱怨梦想开花的时间太久、太慢，所以选择了放弃，其实，他们都缺少了一份坚持与执着，少了一份以心为圃、以汗为泉的培植与浇灌。因此，他们也就错失了生命中一次美丽的花期。而唯有那些不抱怨、不放弃，坚持到最后的人才能创造出奇迹。

☕ **心灵茶社**

一夜成名，未免太过荒诞，即使一步成功了，也需要我们更加用心努力，因为最好的东西往往需要经过时间的考验。在人生征途上，没有谁敢轻易放手，因为一旦松手就很可能跌入万丈深渊，所以你需要用耐心和毅力去忍受和改变初入社会时的无知和静默，去面对生活对你的熏陶和锤炼。

成为强者，才能主宰命运

人生是变幻莫测的，生活中随时都会遇到挫折，只要我们坚信没有过不去的坎儿，就能战胜困难，得到幸运之神的垂青。经历风雨才能见到彩虹，不管我们的生活中有多少不如意，我们都应该自强不息，坚定地向前走。

自强是一种品德，要求我们正确面对成功。当我们获得成功的时候，应该戒骄戒躁，万万不能自以为是、骄傲自满，如果不能正确面对成功，终究会成为众矢之的，只有正确面对成功，不断超越自己，才能获得再一次的成功。人自强不息，才能让人生历尽沧桑而不衰，在挫折中变得更加有能力。

艾柯卡在福特公司工作了32年，并且有8年的时间担任总经理，但是大老板嫉妒他的才能，艾柯卡没有办法，不得不辞职在家。艾柯卡工作尽职尽责，没有想到自己会有这种下场，于是有些悲观绝望，对人生失去了信心，觉得原本光明的人生将从此暗无天日。

艾柯卡痛苦了很长一段时间，但是这样也不是办法，他觉得自己不能再这样沉沦下去了，要不然自己的人生真的就要毁掉了，于是，他应聘濒临破产的克莱斯勒公司任总经理，力图凭借自己多年的经验让克莱斯勒公司起死回生。虽然他有信心做好，但是这对他来说也是一个不小的挑战。

艾柯卡到克莱斯勒公司任职后，凭借自己的胆识和能力对公司进行了整顿，并通过各种手段获得了贷款。就这样，在艾柯卡的带领下，克莱斯勒公司真的绝处逢生了，成为仅次于通用和福特的第三大汽车公司。每当谈到从失业到克莱斯勒公司起死回生的经历时，艾柯卡总是感慨地说："时运不济时要奋力向前，天崩地裂也要永不绝望，只有自强不息，跨过一道道坎儿，就一定能取得成功。"

是啊，即便人生有千般苦，只要我们不绝望，自强不息，不屈不挠地面对现实，终将取得成功。人生不是下棋，并非一招走错满盘皆输，只要我们自强不息，总会有翻身的机会，关键是我们不能放弃希望，在困难面前保持积极的心态。

"天将降大任于斯人也，必先苦其心志，劳其筋骨，饿其体肤，空乏其身，行拂乱其所为，所以动心忍性，增益其所不能"，没有人能一帆风顺地走向成功，是雄鹰终究要搏击长空，是蛟龙终究要畅游四海，只要我们自强不息，就一定能在曲折难行的人生道路上战胜一切挫折，实现自己的理想。

"天行健，君子当自强不息"，这是一种信念，它蕴藏着非常伟大的力量，身处逆境的人能借助这种力量转变命运，迎来希望和光明。只要我们细心观察，就会发现自然界中的所有生命都懂得自强不息之道，都在拼命地求生存，比如，马路边缝隙中小草，在炎热、少水的环境中挣扎着求生。如果我们不自强，就不可能获得幸福的生活和快乐。

从前，有一个员外，他的几个儿子都好吃懒做。员外在临死的时候，把儿子们叫到床前，说："我这一生中挣了不少钱，一直有人在惦记着我们家的钱，所以，我把一部分银子埋在了屋后的田地里，等我死了，你们没钱的时候可以去把那些银子挖出来。"

员外死以后，几个儿子就按捺不住了，赶紧拿着锄头去田地里寻找父亲埋下的银子。他们从早到晚不停地挖，几天的时间，上百亩田地被他们挖了个遍，但是始终没有见着银子的踪影。接着，他们又把田地从头到尾挖了一遍，依然没有找到银子，几个人认为父亲是在骗人，于是一个个很生气。

手里的钱花得差不多了，父亲所说的银子也没有找到，几个儿子只好效仿别人，在自己的田地里撒上种子。没想到的是，那一年，乡邻的庄稼都歉收，只有员外家的庄稼长得比往年都好。原来，田地被翻了两遍，让庄稼长得更旺了。丰收的时候，几个儿子才知道父亲根本没有骗人，田地本来就是银子，财富掌握在自己手中。从此，兄弟几个每次耕种之前都把自己的田地多翻几遍，很快，家里就比员外在世的时候还要富裕了。

现实生活中，有些人的确比较幸运，他们接受的是优质的教育，生下来就拥有广大的人脉，他们比其他人更容易取得成功，但大多数人的幸运是自己创造出来的。我们想要让自己的人生达到一个什么样的高度，就要付出相应的努力，只有付出比别人多的努力，我们才能在条件没有别人好的情况下超越他人。

人是世间万物的主宰，同样也能主宰自己的命运，我们不应该让别人改变自己的命运，要靠自己，不管人生道路上条件是多么恶劣，我们都应该勇敢地走下去，只有自强不息的人才能真正地成为强者。

心灵茶社

世间没有绝对的事情，结果都是因人而异的，挫折和苦难对于强者来说是一笔巨大的财富，对弱者来说则是一个万丈深渊，我们不应该相信命运的安排，自己的人生应该由自己主宰，只要我们自强不息，就一定能在恶劣的环境中实现自己的价值，不断超越自己，走向更高的人生阶梯。

第六章

认清自我，做最好的自己

你可以不完美

完美主义者有三种类型，第一种是"要求他人型"，这类人总是给别人设下很高的标准，不允许别人犯错误；第二种是"要求自我型"，这类人总是给自己设下很高的标准，追求完美的动力完全出于自己；第三种是"被人要求型"，这类人追求完美的动力是满足别人对自己的期望，总感觉周围的人都在期待自己完美。

在这三种类型中，"要求自我型"是生活中最常见的，一般来讲，这类人不能容忍自己的人生有任何缺憾，总是追求生活尽善尽美，这也是一种理所当然的正常心态。但是完美主义是一把双刃剑，一方面它能促使人不断向上，另一方面它也是一种沉重的包袱，在现实生活的多方面压力下，完美主义者对现实的无能为力会让他们变得焦虑，甚至急功近利。

完美主义者本人会感觉生活得很痛苦，更糟糕的是，他们的那种个性会影响周围的人，比如，一位具有完美主义的领导可能会对下属有同样高的要求与期待，搞得工作氛围紧张兮兮的；有完美主义倾向的父母会对自己的孩子有超乎常人的期待与要求，很容易使孩子产生自卑心理；有完美主义倾向的妻子会要求自己的丈夫尽善尽美，会让丈夫无所适从，从而埋下矛盾的种子。所以，完美主义者得到了一个好听称呼，付出的却是沉重的代价。

从前，一位得道高僧到处讲法，不管走到哪里，他都拿着自己的破碗。

有一天，一个有钱人家请他到家做场法事。做完法事之后，主人摆下盛宴，并且邀请了很多当地比较有名的绅士作陪，大家一同聆听高僧的教诲。吃饭的时候，高僧拿出随身携带的破碗。

虽然是斋饭，但是品类非常齐全，餐具也都是高档的，见高僧拿出来自己的破碗，很多人都很不解，于是就说："高僧身份如此尊贵，为何守着自己的破碗不放？难道你不觉得应该换一个新的吗？"

高僧淡然回答道："我知道它已经破了。它只是一个吃饭的工具，破了又有什么关系？"说罢，继续用自己的破碗就餐。

很多时候，我们太在乎一些无关紧要的东西，不允许自己身边有不完美的东西，这种过分追求完美会给生活带来很多压力。摆脱完美主义给生活带来的负面压力和影响并不是一件难事，以下是几种行之有效的方法：

一、划分界限

百分之八十的成果是在百分之二十的时间中获得的，我们可以将所有的时间用于实现百分之百的产出，我们应该划分出真正用于产出的时间界限。做事的时候纠结于细节既单调又费神，而且得不到很多成果。所以，我们做事的时候应该不拘小节，接受不完美的生活。

二、懂得权衡

当我们把自己的时间和精力投入一件事情的时候，就没有时间和精力去同时做其他事。生活中有很多事情需要我们去做，我们应该懂得权衡，分清哪些事情是比较紧要的，该放弃的时候一定要放弃，凡事都想去做并追求完美是一种不可取的行为。

三、统筹大局

我们应该清楚自己的最终目标是什么，清楚自己所期待的成果是什么，这样才能统筹大局，确保自己把有限的时间和精力放在关键的事情上。如果我们正在做的事情没有影响力，就不要为之花费大量的时间和精力，如果有一点影响力，也要稍后处理，把精力放在最重要的事情上。我们应该给自己制定一个计划，确保正在做的事情有助于实现自己的短期目标，然后实现长远目标。

四、自我限制

不管一件事情是多么复杂，总是可以在一定的时间内完成的，如果我们追求完美，就会在细节上浪费很多时间，所以应该自我限制。如果自己做一件事情的时候给自己半天的时间，就可能在半天内把事情做完，如果给自己一天的时间，就可能在一天内做完，如果不给自己设定时间，就会在追求完美的同时一直做同一件事情。

五、接受犯错

我们经常把自己的大部分时间和精力投入到工作中，是因为我们不希望自己犯错，想得到让自己满意的成果，然而，实现百分之百的完美是非常低效的。我们应该接受自己犯错误，能从错误中汲取经验，我们就能进步得更快。

六、打消顾虑

我们做事的时候要提前做好计划和准备，是因为我们需要顺其自然并在出现问题的时候找到有效的解决方案，如果我们过度地追求完美，就会活在幻想之中，现实的残酷会让我们苦不堪言。我们应该顺其自然，不追求完美并不代表自己不在乎，而是因为很多我们提前没有考虑的问题会在发生时被及时控制，我们没有必要追求完美。

七、适当休息

追求完美会让人身心疲惫，如果我们做事的效率在不断降低，我们应该休息一下，休息之后再回到我们所做的事情上，就可以获得全新的想法。生活本来就是不完美的，我们强行追求是毫无意义的，停下来休息一下会获得出乎意料的进展。

你是一个完美主义者吗？你用什么方法来实现自己的目标？我相信很多人都是完美主义者，经常给自己设置一个很高的门槛，然后逼迫自己跨过去，把大量的时间和精力投入到工作中，只是为了保持自己那个很高的个人标准。

很多人即便已经完成了一些任务，还会纠缠着去追寻新的东西去改善它，这个纠缠的过程也许在开始的时候只有半个小时，然后延长到一个小时，甚至半天或者更长。追求完美总是让我们在一项任务上使用过多的时间，让我们变得越来越低效。我们做一些微不足道的事情时经常做一些自认为很好的"补充"，从来不去考虑是否有必要那样做。有时候，那些"补充"不仅不会增加任何价值，还有可能毁了事情。

我们追求完美的时刻就是在浪费时间，对完美的追求会令我们把自己所做的事情复杂化。这样的后果是我们一直在一件事情上拖延时间。

心灵茶社

完美主义者在做事情的时候会过于注重细节，本来可以短时间完成的事情，却因为想要做得尽善尽美而花费大量的时间和精力，所以一直拖延。按照很高的个人标准去做事，不一定会取得百分之百的完美，为了毫无意义的细节而浪费大量时间是不值得的，我们会为之付出很大代价。我们做事情的时候应该不拘小节，用最短的时间去换取最大的成果，这才是生活之道。

你也是别人的风景

      有一只鹰，它说假如自己可以选择的话，一定要做一只鸡，渴了有水喝，饿了有米吃，有属于自己的鸡舍，还会受到人类的保护；有一只鸡，它说假如自己可以选择的话，一定要做一只鹰，可以自由地在蓝天中翱翔，游遍大好河山，可以任意捕兔捉鸡。

这表现了一种很有意思的现象，在那两种动物眼中，风景永远在别处。其实，人也总是在互相羡慕。我们总是在不由自主地羡慕别人，别人的工作、新房、财富、车子等都是羡慕的对象，但是忽略了一点，自己也有很多让别人羡慕的东西。

有些人心中有很多崇拜的人，经常幻想自己有一天一觉醒来，自己也已经变成自己羡慕的人。其实，人要清楚自己存在的缺陷，不能拿自己与自认为比较完美的人做比较，可以把别人当成自己人生的"榜样"。

这个世界上并没有十全十美的人，那些被我们羡慕的人生活中也有很多不如意的事情，只是我们看不到罢了。所谓"家家有本难念的经"，人们总是把自己"光辉"的一面展现给别人，把风光背后的辛酸和无奈统统掖藏起来，其实，人生像硬币一样有两面性。

很多人喜欢拿自己与别人做比较，结果发现别人都比自己幸福，就出现了"人比人气死人"的结果。生活中，当我们觉得自己比别人差的时候，不妨和自己比一比，看看自己的现在是不是比以前过得好，是否离自己的目标越来越近。人要经常给自己鼓励，才会越来越好，在我们羡慕别人的同时，我们也是别人羡慕的对象。

现实生活中的确有很多人值得我们羡慕，不是因为他们得到的多，也不能说他们比我们强多少，而是他们身上有我们欠缺的东西。羡慕别人是因为我们期待自己的生活更完美，期待自己可以活得更好，但是每个人的处境是不一样的，我们羡慕别人的时候不要盲目模仿，我们应该看到别人的长处和优点，然后修正自己的短处和缺点，借鉴他人成功的方法。

我们不要羡慕别人的生活多么美好，应该盘点一下上天给了自己那些恩赐，那样就会发现自己拥有的美好东西原来也不少。至于生活中缺失的那一部分，虽然让我们有几分遗憾，却也是生命中的一部分，我们应该接受并善待它，那样，我们的人生就会豁达、快乐很多。所以，我们不要总是羡慕别人，觉得别人比自己拥有的多，而是应该守住自己所拥有的，想清楚什么才是自己想要的，我们才会真正快乐起来。

人总是有数不完的烦恼：官没有别人大，钱没有别人多，工作没有别人好，房子没有别人的宽敞，老婆没有别人的漂亮，孩子没有别人的省心……不管怎样比，都觉得自己不如别人，感觉自己活得很憋屈。但是仔细分析一下原因，多半是在拿自己的短处与别人的长处作比较。其实，如果拿自己的工作与张三比，会觉得自己的工作挺令人满意的；拿自己的孩子与李四比，会觉得自己的孩子还算不错；拿自己的工资与王五比，心里多少会有一丝优越感……

"你站在桥上看风景，看风景的人在楼上看你，明月装饰了你的窗子，你装饰了别人的梦。"当你羡慕别人的时候，其实你也是别人羡慕的对象。张三正羡慕你的工作，李四正羡慕你的孩子，王五正羡慕你的工资……

人就是这样，经常对自己拥有的东西视而不见，对自己缺失的东西耿耿于怀，所以滋生出很多烦恼，让自己原本快乐的生活变得痛苦不已。"人生不如意十有八九"，人都没有完美的人生。当我们欣赏别人院子里的风景时，别忘了自家花园已经百花争艳，别人也在羡慕你的花园。

当我们看到别人比自己好，羡慕别人的时候，是不是自己也是别人羡慕的对象呢？很多时候我们会妄自菲薄，总觉得别人的东西是好的，羡慕油然而生。"吃着碗里的，看着锅里的""外国的月亮比中国的圆"就是这种心理。

很多时候，我们是沉浸在自己的想象中，觉得自己是这个世界上的悲剧角色，于是便抱怨不断："为什么上天对我这么不公平，让我生下来就受穷？""为什么他的运气那么好，而我从来都没有好运？""为什么他总是有那么多人帮助，而我没有一个有本事的亲戚？"……如果我们一直这样郁闷，最终的结局就是可悲的，自己就会变成这个世界上真正的悲剧角色。

很多时候，我们做事的时候会难以做出抉择，没有分寸，感觉自己选择一种东西就意味着放弃其他的东西，于是不忍心让自己放弃的东西被别人获得。当别人获得自己放弃的东西，并且耀眼地展现在自己面前，自己就会很遗憾、很后悔。这种心思会使人的纯真的心灵遭受腐蚀，最终蒙蔽双眼。所以，当我们羡慕别人的时候要多想想自己的长处，因为你也是别人羡慕的对象。

☕ 心灵茶社

生活中，我们总是拿自己的短处与别人的长处做比较，感觉别人比自己生活得好，于是经常为之烦恼。当我们换个角度，拿自己的长处与别人做比较或者自己与自己做比较，就会发现现在的自己拥有很多，也是别人羡慕的对象。

错过了太阳，还有月亮

人生看来很残酷，有时甚至让你完全看不到出路。面对困难，没有谁能完全淡然地面对，你可能相信雨过后会有天晴，但就是很难说服自己事情真的会如此。当你无法"拒绝"那些上天赐给你的厄运时，你不必太难过，反正该来的总会来，笑一笑，一切都会好起来的。

他曾为自己写好了一生的剧本，用稚嫩的手在剧本的封面上写下自己的名字，他本想，如果照剧情发展下去，他应该会拥有一个令自己快乐、令别人羡慕的人生。

但他不知道，临时改剧本这种事常有发生。那一年，高中毕业的他想读他最喜爱的中文专业，但是因为在农村出生，父亲根本不允许他搞那些可有可无的虚无缥缈的事情，非逼他走上了一条务实之路。大学里，他学的是机械专业，课桌上放着一本本机械理论教材，黑板上是一个又一个的机械零件图，书橱里却放着一本本诗集和小说，梦里是书中的一个个人物，一处处写满地址的远方。

虽然不是他热爱的专业，但却是他热爱的学校，每当炎热的夏日，有从江水上吹来的清凉的风时，他的心都会一阵阵悸动。不错，是那些对未知的向往和对梦想憧憬给了他力量，让他即使在不喜爱的专业上，也能发挥才能，创造出可喜的成果。

毕业那年，他拿了国家奖学金、学院奖学金。照理来说，出色的毕业成绩应该能让他找一份好工作，但是没有。他遭遇上了金融危机。

好的单位去不了，只好进一家普普通通的单位。凭他的努力，应该能混到不错的职位，两年内，他从一名普通的制图员到技术员，又从技术员到工程师助理，眼看着一路凯歌，可到了第三年，机械行业整体不景气，他们单位拉不到订单，只好让员工"解甲归田"，他的进身之阶再次被拆得粉碎。

从那家公司出来后，他本想静下来思考出路，可思路还没打开，他就被最好的朋友拉去合伙开店，几个月下来，因经营经验不足，亏得一无是处。

几经周折，每每有所期待，却事与愿违，任由失意敲打心扉。经历过种种惨境之后，他心灰意冷，再也提不起精神来。一日闲来无事，他一个人茫然地走到书店，在一个安静的角落里看起书来。那本名叫《在难搞的日子笑出声来》的书吸引了他的注意力。是啊，在那些被岁月抛弃的日子里，为什么不试着笑出声来呢？

正如大鹏所说："难搞的事情，放在一个很长的时间线上来看，意义完全不一样。"虽然他没有在煤堆里工作过，但他自认为也受过很多磨砺，也可以用乐观的心态去对待每一天。后来，他又想到了史泰龙，那个失败过 349 次的硬汉。史泰龙从小生活在贫民区里，经常受到赌徒父亲和酒鬼母亲的打骂，在拳脚交加的家庭暴力中长大，常常被打得鼻青脸肿，皮开肉绽，因此，他面相不好看，学习也不好。

后来，史泰龙想到了当演员——当演员不需要文凭，不需要多么深厚的知识基础，更不需要本钱，而且一旦成功，却可以名利双收。但思前想后，他又发现自己不具备做演员的条件：没有帅气英俊的长相，没有天赋，也没有接受过任何专业训练和演艺经验。然而，他认定自己"一定能成功"，并认为这是他今生今世唯一出头的机会，如若错过，可能终生遗憾。于是，他拿着自己编写好的《洛奇》剧本来到好莱坞，找导演、找明星、找制片……找一切可能使他成为演员的人，四处求人："请给我一次机会吧，我要当演员，我一定能成功！"

当时，好莱坞共有 500 家电影公司，他都一一前去拜访，结果，他一次又一次被拒绝了。第一遍下来，500 家电影公司没有一家愿意要他。但他并不气馁，他知道，失败定有原因。每被拒绝一次，就认真反省、检讨一次。不久后，他继续第二轮拜访与自我推荐，结果与第一轮一样，他再一次被拒绝了。他不断对自己说："我一定要成功，也许下一次就行，再下一次，再下一次……"可第三轮拜访仍是如此。

当他第四次行动时，第 350 家电影公司的老板破天荒地答应他留下来看剧本。几天后，史泰龙获得通知，被邀请前去详谈。这家电影公司的老板对他说："我不知道你能否演好，但我被你的精神所感动。我可以给你一次机会，但我要把你的剧本改成电影，同时，先只拍一集，就让你当男主角，看看效果再说。如果效果不好，你便从此断绝了这个念头吧！"

为了这一刻，他付出了多少努力，终于可以一试身手。机会来之不易，他不敢有丝毫懈怠，全身心投入。这就是电影《洛奇》，一部非常著名的电影，创下了当时全美最高收视纪录——史泰龙成功了！

想到史泰龙的成功经历，再看看自己的经历，他又觉得真的不算什么，于是，他下决心去做自己喜欢的事情。仅仅是几天后，他就从失意中走了出来，并且大胆地选择了一份自己喜爱的工作。走在上班的路上，他心情格外愉悦，心想，为梦想打拼的生活，虽然累点，但不算什么。

☕ **心灵茶社**

> 　　你无法控制一切，无法拒绝那些难以避免的厄运，但你可以选择面对它的态度。笑一笑，一切都会好起来的。

转换思路，找到新的出路

从前，有一位画家在自己的工作室内铺纸研墨，准备画一幅《竹林七贤图》。画家凭借高超的画技不一会儿便画好了七贤中的四贤，但由于构图上的把控不够，他只画了四贤，剩下的画面就已经不好安排了。

按照四贤的比例来画七贤已经画不好了，假如此时放弃创作，那么先前的辛劳便白费了，甚觉可惜。但接着画的话，又该如何铺陈摆布呢？画家思前想后，进退维谷。正在无可奈何之际，一位前来赏画的朋友提了个建议，他说，不如请人题画救之。画家思忖良久，认为也无不可，于是点头称是，与朋友一拍即合。不久后，这位朋友请来了一位略有名气的诗人，诗人看到此画后，从画面上的四贤处想，以四贤正在寻找三贤立意，题下"三贤何处去？问遍竹林东；烟霭西山暮，四贤归更迟"的诗句。

友人看完题画后，大叹：妙哉！妙哉！如此题画，不仅弥补了画面的不足，又增添了画境的意蕴，很有创意。画家看完后也大声称奇，并连连向诗人表示感谢。后来，所有看到此画的人也都纷纷叫绝。

诗人巧妙的题词不仅解除了画家的忧虑，还为这幅画增添了一种别样的意蕴，可以说是一举两得。回想一下，生活中这样的事情真是数不胜数，许多时候，由于缺乏严谨周密的计划和考虑，事情进行到一半或者中途的时候，我们往往不知道该如何收场。这时候，寻常思路已是无解，叹息和哀愁也是没有用的，怎么办呢？此路不通，不如换条路走。当我们勇于打破藩篱，积极地去思考变通之道时，结果或许会另有不同，甚至比之前更胜一筹。

静下心来，换个角度思考，很可能会出现"踏破铁鞋无觅处，得来全不费工夫"的生花妙笔。画家不禁从此事中想到了自己一生的际遇。

这位画家从很小的时候就喜欢上了绘画，且立志成为一名出色的画家。但是他性格中略有不羁，自以为天赋异禀，对那些绘画教材上的理论和方法，从来不屑一顾，也不在意别人的评价，只管由着自己性子，随意画下去，自由而放纵。

这一点很快使他吃尽了苦头。由于不按教程规范来，也不注重文化课的学习，他报考的所有艺术院校，均以专业性不足为由将其拒之门外。失败，一次接一次爆豆似的劈头盖脸地打在他桀骜不驯、青春飞扬的脸上。

他的特立独行，也引起了一些惜才爱才的老师的注意。有老师也善意地劝他，不妨去参加一些辅导班，摸一摸艺考的正路，免得走弯路。

他自由散漫惯了，哪里肯听，依旧固执地按着自己的心思，画着自己心目中的"杰作"。但是最终的结果是，仍然没有一家艺术院校接纳他。在艺考的路上，他磕磕绊绊地走，却从未有过半点收获，直到昔日同窗大多已从艺术院校毕业，有的甚至成了小有名气的画家或者做了院校的老师后，他仍旧默默无闻，他的作品还是无人问津。

有人私下里嘲笑他是"给梵·高磨颜料的"，注定一生无功。这些他不在乎，但他已经决定不再走艺考之路，而是决定做一名自由画家，背着画板，天南海北地漂游创作。

家里自然是反对的，他的父母被他气得头痛，软硬兼施，但他不改初衷。父母只得放手，任由他"走火入魔"。还好，他的舅舅格外支持，给了他一些钱，让他去闯荡。尽管他的画作，没有丝毫艺术细胞的舅舅根本看不懂，但就是近乎溺爱地任由他在自己臆想的世界里天马行空。

机遇总是在不经意的时刻到来。那年初夏，他在烟雨迷蒙的周庄作画。临河的阁楼上，人群稀落，旁边的海棠花开得正艳，小桥流水，古镇传情，他陡然生出作画的灵感，便提笔在画板上勾勒起来。

"好画！"不知何时，一位颇有些仙风道骨的须发银白的老先生站在了他的身后。

"谢谢！"这是他多年以来听到的为数不多的夸赞，他竟有些羞涩，但还是礼貌而激动地谢过了老者。

"这幅画有个性、有境界，只是力度稍微过了一点，显得有些生硬，看得出来是年龄的缘故，但假以时日，必成气候！"老者丝毫没有吝啬自己的夸赞。

"多谢大师指点！"毕竟是多年来收到的第一份肯定，他有些喜不自禁。

此后，他开始静静品味老者赠他的寥寥数语，幽闭的心扉，落入一些细细的光亮，浇得他心头清凉。从此，他开始更加用心地作画，参悟其中的门道。

又是两个春秋后的一天，他的画作不小心被一位著名的书画收藏家看上了，对方给了他的画作极高的评价。说来也巧，那书画收藏家竟让他开价，说要拿走他两年内创作的所有作品。

他起初以为只是个玩笑，并未当真，只是随意说了一个天文数字，没想到，收藏家居然一口答应。

自此，他的画作开始广为人知。那位收藏家后来告诉他："年轻人，我没有看走眼吧，我说过，是金子一定发光的，你的画作果然让我赚到了钱。"

又是十载春秋，他终于声名鹊起，作品畅销海内外，一幅画动辄数百万。

现在，他终于实现了当初的愿望，回望自己的成名之路，再细想诗人题词，妙手偶得的事情，已是不惑之年的他有所了悟：原来，这天下之事，果然并非一条路走到黑，换换思路，真的会有意想不到的收获。

☕ **心灵茶社**

> 生活之路并非总是一路顺畅的，如果一直纠结在不顺之中，难免会乱了心志。而弯路也未尝不可一试，俗话说，曲径通幽，当我们转换路途，重新上路时，说不定会看到两岸更加鲜艳的风景。

让自己的光芒更闪亮

一个人的事业能否成功，很大程度上取决于他做事的时候能不能扬长避短，是否善于经营自己的长处、善于总结失败的教训、善于不断学习、善于用自己的智慧补救过失……只有善于经营自己长处的人才可以算得上是有大智慧的人，才能走向成功。

有一个年轻人，偶然间得到一块大磁铁，是一家大型的制造业公司变卖的。他得到那块磁铁后就开始合计：这么大一块磁铁，到底有什么用处呢？如果按铁价卖掉，自己根本赚不了几块钱，搞不好连自己的运费都赚不回来。如果放在家里，好像也派不上什么用场，还不如及时卖掉。后来，他的母亲指点他说，你应该好想一想，磁铁到底是用来干什么的？

经过母亲的提醒，年轻人豁然开朗了：对，磁铁本来是用来吸铁的。于是，他把磁铁拴上一根很粗的绳子，跑到码头附近"垂钓"去了。

他到的码头已经有近百年的历史，有成千上万条船曾经来来往往，竟然把海底堆积成一个巨大的"铁矿"：有轮船废弃的零件，有断掉的铁锚，有修理船只所用的工具，有运输过程中沉入海底的铁器，他第一天就捞上来将近一千斤废铁。

发现磁铁原来有这么好的用处，于是他索性又去买了几块回来，雇了几条船和几个人在沿海的码头来回穿梭，短短的一个月时间，就赚到了三四万元的财富。

也许有人曾经得到过比案例中的年轻人的那块还要大的磁铁，但是自己也不知道该怎样利用，就当成废铁给卖掉了，从来没有想过去发挥磁铁的功能，经营磁铁的长处，让财富从自己眼皮底下白白溜走。我们应该懂得"人尽其才，物尽其用"的道理，在现实生活中发挥自己的长处，经营自己的长处。

天生我材必有用，我们不应该感觉自己一无是处，人生的诀窍在于找到发挥自己优势的最佳位置，经营自己的长处。沈从文年轻的时候曾经一度陷入困顿，甚至有过轻生的念头。后来有个人说他很有才华、有思想，根本不用担心"长安居不易"。于是，沈从文豁然开朗，想到自己手里有笔，自己可以写，于是就更加勤奋写作，终于成为大作家。一个人的职业是否成功，并不完全取决于学历的高低，很大程度上取决于自己能否扬长避短，善于经营自己的长处。

人生下来的时候就存在一定的差别，后天条件也不一样，这些都是客观因素，往往是很难改变的，如果由于才能和条件限制而处于劣势，这倒也无可厚非，但是，如果有才能却不好好利用，或者拥有大智慧却要去冲锋陷阵，最后导致失败，那就无异于拿玫瑰花卖白菜的价钱了。

任何一件东西都有其主要功能，每一个人都有自己的长处，认识并发挥自己的长处就等同于把好钢用在刀刃上，把锋利的刀刃用在冲锋陷阵上，这样才能容易取得成功。

俗话说"尺有所短，寸有所长"，每一个人都有自己的长处，如果你善于经营自己的长处，就等于给自己的生命增值，相反，如果一个人总是做自己并不擅长的事情，就会遭遇很多失败，让自己的人生贬值。

所谓"此门不开开别门""三百六十行，行行出状元""条条道路通罗马"，世界上有千万种事情可以去做，这些事情对人的素质要求不一样，发现自己不适合干这个就可以去选择去干那个，总能找到自己的发展天地。只要善于发掘自己的能力，发挥自己的优势，就一定能找到适合自己发展的道路。

有学者通过研究发现，人一共具有四百多种优势。这些优势本身的数量并不是很重要，重要的是应该知道自己的优势到底是什么，随后要做的就是把自己将来的事业、工作和生活都建立在自己的优势之上，这样就更容易取得成功。

有一只小兔子被送进动物学校，它最喜欢跑步课，并且每次成绩都是第一名；它最不喜欢的是游泳课，每当上游泳课的时候都很痛苦。小兔子的爸爸妈妈希望自己的儿子是一个全才，所以让小兔子什么都学，不允许它放弃任何一门学科。小兔子很无奈，只好每天垂头丧气地到动物学校上课，老师见它一直状态不佳,就问它是不是因为游泳成绩太差而烦恼,小兔子点点头,希望老师能给自己一些帮助。老师对小兔子说:"其实这个问题一点也不难解决,跑步是你的强项,游泳是你的弱项,你以后不用上跑步课了,专心练习游泳就是了。"

中国有句古话"只要功夫深,铁棒磨成针",意思是说只要坚持不懈,就没有做不成的事情。但是,小兔子根本就不是学习游泳的料,即便它再努力、再坚持,也不可能成为游泳高手,如果它在跑步方面勤加练习,有可能取得更好的成绩。要想成功,就应该扬长避短,当我们把大部分时间和精力用于弥补自己的短处时,就会无暇顾及增强和发挥自己的优势了,更何况人的欠缺要比才干多很多,有些欠缺更是无法弥补的。

很多人会发现自己在做事情的时候要不断学习,不断修正自己的错误,如果是这样做事,就容易成功,这就是找到自我优势。如果一个人根本不具备某种优势,但是却一再地坚持不放弃,希望可以把自己的弱势变成优势,这是要走弯路的,因为会为之付出很大的代价。

爱因斯坦曾收到以色列当局写给他的一封信,信中邀请他去做以色列的总统。爱因斯坦是一个犹太人,如果能当上以色列的总统,自然是荣幸之至的事情。但爱因斯坦看到信后却拒绝了以色列当局的邀请,他说自己的一生都在同客观物质打交道,如果让他处理行政事务并且公正地对待别人,他既缺乏天生的智慧,又没有任何经验,所以自己并不能胜任以色列总统的位置。

马克·吐温曾经经商,不仅把自己多年积攒的钱财赔个精光,还欠下很多外债。他的妻子知道丈夫根本没有经商的头脑,在文学方面有一定的天赋,就帮助他鼓起勇气,让他振作精神,重新走上文学创作之路。在妻子的帮助下,马克·吐温终于走出了经商失败的痛苦,在文学创作上取得了辉煌的成就。

"垃圾是放错地方的宝贝""宝贝放错了地方便是废物"，人生的诀窍就是发现自己的优势，经营自己的长处。在人生的坐标里，如果一个人站错了位置，用他的短处去谋生，而把自己的长处抛在一边，那就会生活得异常艰难，可能会在卑微和失意中沉沦。

心灵茶社

> 天生我材必有用，认清自己的优势和长处是至关重要的，我们选择职业的时候不要考虑那个职业能让自己赚多少钱，应该选择最能使自己全力以赴去付出，能让自己的品格和优势得到充分发挥的职业。把自己安排在一个合适的位置上，就能有声有色地经营自己的人生。

珍惜你所拥有的一切

人生很短暂，要想一生不留遗憾，就要珍惜目前拥有的一切，让生活多几分舒适，少几分苦楚。

李大钊曾经说过"无限的'过去'都以'现在'为归宿；无限的'未来'都以'现在'为渊源。过去和未来中间，全仗现在，以成其连续，以成其永远无始无终的大实在"。所以，虚度现在就等同于虚度今天，也在不知不觉中丧失了昨天和明天，与其让自己沉迷于昨天的痛苦回忆、憧憬于明天的海市蜃楼，不如珍惜目前拥有的一切。从某种意义上讲，珍惜今天就等于延长了自己的生命，升华了生命的意义。

如果我们今天是健康的，珍惜健康就是一种责任，无论对家人、社会和自己的事业，健康的作用和重要性都是毋庸置疑的。只有健康才能有资格谈幸福，才能有资格成就事业。珍惜自己的健康，就不要再为减肥而疯狂，不要再为名利所束缚，不要再为失恋而痛苦，不要再为挫折而忧伤，千万不要不把自己的健康当回事，如果我们掉以轻心，幸福就会从我们身边悄悄溜走。

如果我们今天是幸福的，我们就应该珍惜。幸福对每个人有不同的含义，一箪食一瓢饮是穷苦者的幸福，生意兴隆是商人的幸福，大丰收是农民的幸福，官运亨通是政治家的幸福。由于不同的人对幸福的理解是不一样的，所以人们追求幸福的方式也不一样，有的人投机取巧，有的人挖空心思，有的人兢兢业业，不同的方式会取得不同的结果，有的人高兴，有的人悲伤，有的人兴奋，有的人痛苦。其实，对每个人而言，幸福都是极容易把握的但是同样容易失去，关键看我们的心态是否平衡，只要我们知足，就会感觉自己是幸福的，谁能以平常心看待生活，做到宠辱不惊，谁就是幸福的最大受益者。

我们的记忆里有过风花雪月，有过浪漫，有过刻骨铭心的感动，人生中的每一天都有值得让我们快乐的事情，我们应该珍惜目前的一切，不要等失去了才发觉自己是幸福快乐的。

生活是平淡的，就像是一匹没有着色的白布，色彩就在自己的掌握之中，只要我们愿意，就可以在自己的生命征途中添加自己喜欢的颜料，经过风雨的洗涤和岁月的沉淀，人生会在一定的阶段呈现出一幅连自己都为之惊叹的迷人画卷。珍惜目前所拥有的一切，在日后的某一天，人生画卷中的人物和故事会鲜明地呈现，让我们一想起就倍感幸福。

从前，有一个国王，他只有一个王子，所以十分疼爱他。但是，王子总是郁郁寡欢，甚至不想多说一句话，整日茫然地望着远处。王子的状况让国王十分担心，害怕王子没法继承自己的王位，于是，国王问王子："你有什么不满足的地方吗？你这到底是怎么了？"

"我也说不清。"王子满脸忧郁。

国王想方设法为王子解闷儿，一部戏剧、一场舞会、一段音乐……这些对王子都毫无作用。于是，国王便张贴告示，说谁能让王子快乐，就重金赏赐。如此一来，很多有智慧的人纷纷提出自己的主张，但都无济于事。

最后，一位智者来到了这个王国，详细了解王子的情况以后对国王说："我觉得只有一个办法可行，只要找到一个非常快乐的人，把他的衣服与王子的衣服交换一下，王子就会快乐起来。"

国王派出很多使者到各地去寻找非常快乐的人，但却没有发现一个人认为自己是快乐的，就在他一筹莫展的时候，听见有人在哼着小调。只见一个赤着上身、衣衫褴褛的年轻人在一堆火旁烤野兔，脸上堆满幸福的笑容。

使者走上前去，说："你心情不错啊，能告诉我有什么事让你如此开心吗？"

年轻人一边拨弄火，一边说："我今天很走运，无意中逮了一只野兔。我很久没有吃东西了，有美味当然高兴了。"

"你觉得自己快乐吗？"

"当然了，我是世界上最快乐的人！"

使者欣喜不已，总算找到一个快乐的人了，于是，他抓住年轻人的手，说："赶快与王子交换一下衣服，我会给你很多赏赐，保证你每天都有野兔吃。"

"可是我没有一件像样的衣服啊！"年轻人面露难色。

拥有很多东西的人都认为自己是不快乐的，而连一件像样的衣服都没有的年轻人却说自己是最快乐的人，究其原因，就是因为那些拥有很多东西的人看不到自己的快乐所在，不珍惜自己拥有的东西，不把自己拥有的东西当回事儿。只要他们珍惜拥有的一切，就会有优越感，就会很快乐。

我们应该时常问问自己，我们的记忆中到底有哪些东西是值得珍惜的？在我们的生活中，我们又会珍惜什么，是像梦一样虚无缥缈的幻想，还是在某一美好时刻的画面，还是夜深人静的时候一个人默默流泪？其实，只要我们把生活中不如意的事情全部抛开，把美好的时刻印在脑中，不管什么时候，当我们回忆的时候都会感觉自己是一个幸福的人。

在春意盎然的时候，大自然的一切都是生机勃勃的，如果你在这个时候只盯着一片树叶落下，就会有些伤感。那么多美好的画面不去留意，只看到世界上令人哀伤的一面，心情也会随着低落。我们应该珍惜并看到眼前的一切美好事物，把所有的不美好抛开。

我们应该珍惜生活在我们身边的每一个人，不管是自己曾经爱过的，还是自己曾经恨过的，能相识就是一种缘分，我们应该感激他们走进自己的生活，为我们的生活添上丰富多彩的一笔。

我们应该珍惜自己所做的每一件事情的过程，不管结果是好还是坏，因为我们经历过酸甜苦辣，才会有五彩斑斓的人生。珍惜目前你所拥有的一切，或是一份自己真心付出的感情，或是一份让自己动容的感动，或是一份在喧嚣的尘世能让自己平静下来的心绪，甚至是自己梦到的一个人和事，就会感觉自己的人生活得很有意义。

☕ 心灵茶社

生活中，我们应该善于发现自己拥有的东西带给自己的快乐和幸福，不要总是盯着不如意的事情。我们应该珍惜生活中的每一个片段，不管是精彩的还是痛苦的，这些过程会在我们的生命中留下难忘的一笔。

用心去书写"真我"

很多人在抱怨自己的性格平凡、成绩平凡、事业平凡、长相平凡……总是在努力地效仿自己认为比较优异的人，希望自己有一天也能像他们一样，甚至超越他们，但是，在效仿别人的同时却在不知不觉中迷失了自己原来的个性和风格。直到某一天有人提起才发现自己早已不是原来的自己了。

有人花费很多钱去整了一张梁朝伟的脸，有人花了很多钱去整了一张章子怡的脸……，这都是无意义的，倒不如做一些有意义的事情，或许还可以让自己成为另一种场合的"梁朝伟""章子怡"。

我们在改变自己的同时不要忘记自己是独一无二的，也许我们在工作中只是一个普普通通的职员，但是在亲人和情人眼中，我们是独一无二的，包括我们的坏脾气和缺点都是那么的独一无二。

有一位小和尚，想跟着老和尚学习书法，老和尚就让他从"我"开始练习，并给小和尚提供了一些书法家的"我"字帖。

小和尚很用功，练了一天的"我"之后，就挑了一个自己比较满意的"我"拿去让老和尚给自己指点一下。老和尚看了一眼，对小和尚说："太潦草了，拿去接着练。"

小和尚又练了一个星期，自己也不知道到底写了多少个"我"，但是感觉自己已经有很大进步了，于是就挑出几个比较满意的"我"拿去让老和尚指点。老和尚看了一下，对小和尚说："太浮漂了，拿去接着练。"

　　小和尚倒也沉得住气，接着练了一个月，基本上把老和尚给他的"我"字帖临摹得惟妙惟肖了，便又挑几个比较得意的拿去让老和尚指点。老和尚仔细地看了一下那几个字，摸了摸小和尚的头，说："有长进，但是还有必要接着练，因为你没有明白我让你练习'我'字的要领。"

　　受到老和尚的认可和鼓励之后，小和尚终于静下心来，他一面揣摩老和尚的教导，一面一遍遍地练习"我"，每天都不曾间断。半年后，小和尚又拿着自己的字让老和尚看，但是这次他只拿了一个"我"字，不过，这个"我"已经不再是临摹了，每一划都是一种全新的写法。很显然，小和尚已经熟能生巧地练就了一种书法新体。

　　老和尚看了以后，满意地笑了，说："你终于写出自己的'我'了，让你找到自我才是为师的真正意图。"

不难理解，不管是练习书法还是做人，唯独"我"最难把握，从某种意义上讲，做独一无二的自己也就等于实现了自我的价值。

在这个复杂的现实生活中，我们每个人都是一个独立的、与众不同的个体，我们大多数时候总是把眼睛放在别人身上，很少去审视自己，或者很少与自己的心灵进行一次深入的交流。其实，我们的思想和内在是别人无法模仿的，我们都可以活出自我的精彩。人生最大的成功不在于我们取得了多大的成就，而在于我们是否去努力地实现自我，喊出自己的声音。

世界上没有两个完全相同的人，自己的人生只有靠自己去完成，我们不需要僵硬地照着别人的模式去走，每个人都会有适合自己的道路，不管我们选择怎样的人生道路，只要我们坚持做独一无二的自己，就一定能不断地超越自己，取得属于自己的成功。

每个人的生活都有属于自己的精彩，我们不能只看到别人的精彩和快乐，然后盲目跟随别人，把别人生活照搬到自己的生活中去，这样就会迷失自我。当我们想要做一件事情的时候，一定要分析自己的实际情况，然后选择一条适合自己的路，努力实现自我。

> 如果多一次选择，你想变成谁／不，这不是选择／这是对自己的怀疑／我能经得住多大的诋毁／就能担得起多少赞美／如果忍耐算是坚强／我选择抵抗／如果妥协算是努力／我选择争取／如果未来才会精彩／我也决不会放弃现在／你也许以为我疯狂／就像我认为你太过平常／我的真实，会为我证明自己

这是微电影《不跟随》中的台词，仅有短短两分钟多的电影就把一个女性独立、自我的个性表现得淋漓尽致。每个人都是独一无二的，有复杂的情感，有丰富的内心世界，有自己的喜怒哀乐。生活在这个世界上，每个人都有自己的角色，都有自己的台词，我们应该努力演好属于自己的角色。我们不用去跟随别人，要活出真实的自己，有了远大的目标就勇敢地去追求，永不言弃。

在人生征途中，每个人都是旅行者，习惯跟着别人脚步的人会慢慢变成一个没有"自我"的人，生活中就会没有属于自己的精彩。每个人都是不可复制的，人都有自己独特的优点，按照自己的方式去生活，就能活出独一无二的自己。

每个人都是独一无二的，都怀揣着梦想，希望自己能取得成功。人生不应该像匍匐的藤蔓一样，不应该依附别人而生存，因为只有自己不断地学习，才能不断地进步。

古希腊哲学家伊壁鸠鲁有一句话："你要是按照自然来造就自己的生活。就绝不会贫穷；要是按照别人的观点来造就自己的生活，就绝不会富有。"我们不要给生活套上一些没有必要的束缚，不必拿别人的标准去

评价自己，如果我们的人生脱离了应该走的轨道，就注定会出现可悲的结局。

☕ 心灵茶社

　　每个人都是独一无二的，应该按照自己的方式去做事儿，不能盲目地跟随别人的步伐，要以平和的心态去追逐自己的目标，就能做到独一无二的自己。跟随别人只会让我们迷失自我，做独一无二的自己才能成为命运的主人，活出属于自己的精彩。

第七章

人生得失，全在一念之间

得失存心知，有舍才有得

人的一生都在得与失之间度过，有的人觉得自己一直都在失去，什么也没有得到过，这是因为他们把自己所拥有的东西看得太重，事实上，得失是平衡的，在失去的同时也一定会得到一些其他东西。得失平衡，人生才能多姿多彩，我们不要埋怨自己失去的，因为走过的路不会倒退；也不要庆幸自己得到的，因为前面的路还要面对。

有得必有失，有失必有得，如果一个人总是患得患失，又怎么可能让自己快乐起来呢？只想得到、不想失去的心态，会让人永远不满足自己所拥有的，总会盯着别人的东西，这样的人是可悲的。人是有需求和理想的，总是想得到更多的东西，怕失去自己已经拥有的东西，但是，人生不是一个只进不出的容器，而是一个有得有失的过程。

洛克菲勒是美国的石油大王，他在三十三岁的时候就成了百万富翁，在四十三岁的时候又创建了标准石油公司。可是，他是一个只求"得"，不愿"失"的企业家。有一次，他托运了价值百万美元的货物，为了避免途中遭遇意外之灾，他投了150美元的保险，但是货物运输很顺利，于是，他为自己的投保而懊悔不已，病倒在床。

他的患得患失给自己带来了很多烦恼，让他的身心健康遭到了严重的伤害。在他五十三岁那年，身体瘦的像个木乃伊，医生为了挽救他，就为他做了一次心理咨询，给了他两个选择：要么失去性命，要么失去金钱。在医生的帮助和治疗下，他终于有了醒悟，开始为他人着想，热心捐助公益事业，并成立了洛克菲勒基金会。当他把钱捐助给社会以后，感觉到了人生最大的满足，再也不为失去金钱而烦恼了。

生活就像是一把火，让人感觉温暖，也让人感到烦躁。一个人，只要经得住得与失的考验，人生就会变得和谐幸福。

正确对待得与失要比患得患失的态度开朗，因为患得患失是一种不理智的行为，该得则得，该舍则舍，只有这样才算客观而又乐观。得与失之间绝对不可能是对等的，有时候在物质上得到的少，失去的多，但是在精神上却得到的多，失去的少。

人生有高潮也有低谷，生活有苦也有乐，有得到也有失去，这是非常自然的事情，不能总是生活在充满激情的境界之中，不能总是得到，害怕失去，这样就很难始终保持心理上的平衡，要想让自己时刻保持快乐，就应该学会调整自己的情绪，以免内心激情过后而乐极生悲。

一个人，自我感觉得到的多还是失去的多，是他的心态问题。如果能正确对待得与失，放下心中的包袱，哪怕在别人看来你失去很多，你也会觉得得到了许多，因为你心里在乎的不是失去，而是得到。

有一个六十多岁的老太太，因为怕夏天热，用风扇费电，就想让自己门口有一颗高大的树。但是，她又不想花钱买树苗，于是就到野外的荒山上寻找树苗。找了整整一天，累得她歇了好几次，但是还没有找到自己想要的树苗，就在她停下来歇息的时候，她发现不远处的山丘上有一棵树苗符合自己的要求，于是就走过去，可是，在往山丘上爬的时候摔伤了。后来，经过治疗，花了很多钱，老太太更心疼了，为自己"节省"的想法懊悔不已。

仔细想一下，一个六十多岁的老太太为了夏天凉快不花钱去寻找树苗，可是没想到自己已经那么大岁数了，有些事情不是自己想做就能做到的，最后把自己摔伤了，不但受罪还花了一大笔钱，岂不是得不偿失？

现实生活中类似的例子不少，人们往往会因为一件小事而大动干戈，失去了自己原本已经拥有的东西。有些人为了得到自己认为很好的东西而不顾牺牲一切，还有些人即便得到了也是失去了最宝贵的东西，得不偿失。

一辆豪华轿车停在一家五星级酒店门前，车里面坐着的富翁看见酒店不远处有一个乞丐躺在路边的长椅上盯着自己住的房间。这不是富翁第一次发现乞丐了，好像自从自己住进来，每次回酒店都能看见乞丐盯着自己的房间，于是他好奇地走到乞丐身边，问："我真的搞不明白，你为什么每天盯着我住的房间看？"

"我没钱，没家，只能每天睡在这个长椅上，不过，我每天都能梦到自己睡在那个房间里。"

富翁听了乞丐的话，就说："我今天就让你如愿以偿，我把那间房让给你，我已经付了半个月的房费，你住进去就是了。"

过了几天，富翁再次来到这个酒店，发现乞丐依然躺在长椅上，盯着那间房看，就问他是什么原因。

乞丐回答道："我睡在这里就会梦到自己睡在那间房里，感觉很美妙；当我住进去以后，夜里就会做梦自己睡在长椅上，这真是可怕极了。"

每一种生活都有得有失，世间万物本来就是来去无常的，我们应该正确对待生活中的得与失，得到的时候要懂得珍惜，失去了也不必无所适从。月有阴晴圆缺，即便缺，也依然皎洁；人生会有很多缺憾，但是并不影响它的美丽。不能舍弃别人都有的东西，就无法得到别人都没有的东西，会生活的人失去的多，得到的更多。

其实，得到是令人惊喜的，失去也不全是令人悲伤的。得到的时候，渴望就不再是渴望了，于是得到了满足；失去的时候，拥有就不再是拥有了，失去了一些东西，却得到了怀念。

得与失之间是无法分离的，得中有失，失中有得。当我们在其中犹豫不决的时候，我们应该以自己的心灵是否得到安宁为原则，只要我们能在得与失之间做出明智的选择，人生就不会被世俗所淹没。

心灵茶社

> 我们不应该患得患失，面对得与失，我们应该保持清醒的头脑，不要把得到看得太重，得到的背后可能潜藏着失去，只有目光短浅的人才只顾眼前利益而看不见利益背后的隐患。失去的背后往往隐藏着得到，如果只看到失去而避之唯恐不及，就不会得到"失中之得"。

舍非常之舍，得非常之得

患得者往往得不到，患失者必定会失去，人不可能永远只是得到，而从不失去，珍惜自己拥有的东西才是最好的生活方式。人生是短暂的，精力有限，只有舍掉一些东西才能得到我们想要的，舍非常之舍，并不是全部舍掉，而是舍掉让我们负累的东西。

从前，有一对兄弟在外打工，一年下来没有挣到多少钱，于是无精打采地踏上回家的路途。走着走着，前面的路上出现了一座棉花堆成的山，兄弟二人非常高兴，决定背一些棉花回去织布，于是，两个人尽自己最大的努力背上一些棉花继续赶路。

他们很吃力地走着，突然，前面又出现了一座棉布堆成的山，哥哥把身上背着的棉花舍掉了，改成了背棉布，弟弟觉得自己已经背了那么远的路，所以不愿意舍掉，于是，哥哥背着棉布，弟弟背着棉花，两个人一起继续赶路。

走着走着，前面又出现了一座金条堆成的山，哥哥高兴坏了，赶紧把身上的棉布舍掉，尽可能多的背金条，而弟弟更加舍不得身上那些已经背了很远路程的棉花，于是，哥哥背着金条，弟弟背着棉花，二人继续赶路。

突然之间，天上乌云密布，很快就下起了滂沱大雨，兄弟二人找不到躲雨的地方，都被浇成了落汤鸡，弟弟的棉花被雨水浸泡后变得沉重无比，只得丢在路上，空手回家，而哥哥背着黄金回家。从此，弟弟依然过着贫穷的日子，哥哥却生活得很富足。

故事不可能是真的，但是其中蕴含的舍与得的智慧是我们应该明白的。古人云"有所不为才能有所为"，指明了舍与得之间的关系，比如，有些人没有一技之长，做事的时候总是眉毛胡子一把抓，什么都会一点儿，但是什么事情都不能做得很顺利，使自己找不到适合自己的工作，他们应该懂得"不怕千招会，就怕一招绝"的道理。

其实，人生就是一个舍与得的过程，我们会经常面临舍与得的考验，得到说明你比较有能力，舍弃是一门学问，有舍才有得，懂得舍与得的智慧和尺度才能弄清楚人生的真谛。

一户人家家里有很多老鼠，于是，主人买了一只猫回来。这只猫很会捕鼠，但是它还会把主人的鸡咬死。过了一段时间，那户人家家里的老鼠被猫捕光了，但是鸡也快被咬光了。

儿子问父亲："我们为什么要养一只专门咬鸡的猫呢？"

父亲说："这里面有一个道理，老鼠不仅吃我们的粮食，还把我们的衣服和被子都咬烂了，如果任其横行，我们就会挨饿受冻，但是没有鸡，我们只不过是暂时吃不上鸡肉，两者相比较，吃不上鸡肉要比挨饿受冻差一大截，所以我们不能把猫赶走。"

要想不挨饿受冻，就必须舍鸡养猫，付出的代价小，而得到的回报大，这就是想得必须先舍。很多人只想得到，不想舍弃，贪得无厌的结果就是失去的更多，舍是得的前提，敢舍的人才能得到。

日常生活中，有些人喜欢占小便宜，实际上令自己失去的更多，比如，买劣质廉价的化妆品会使人失去原本的美貌，买过期处理的食物会使人失去身体的健康，因此，我们不要为了眼前的一点点利益而在一念之间犯下大错，到时候后悔也来不及了。

战国时期，晋国想攻打虢国，但是有虞国在中间隔着，晋献公担心虞国不肯借道，就与群臣商议此事。苟息对晋献公说："如果您愿意把你最喜欢的宝玉和良马送给虞国，然后再向他们借道，就能成功。"

晋献公听后，犹豫了一会儿，说："那块宝玉是我祖传的宝贝，那匹良马是我最爱的坐骑，如果虞国收下我的这两件礼物，却不肯借道，又该怎么办？"

苟息说："如果虞国国君不愿借道，他就不敢收下我们的礼物，如果他收下礼物，就一定会借道。我知道您不舍得这两件宝贝，但是我们只是把它们寄放在虞国而已，迟早还是您的。把宝玉送给虞国就相当于由室内移到室外，把良马送给虞国就相当于从圈内牵到圈外，您想取回来是一件很容易就能做到的事情。"

晋献公听了苟息的一番话，顿时喜上眉梢，于是决定按苟息的计谋行事。

虞国国君见到晋献公派人送来的两件宝贝后，心动了，打算给晋国借道。这个时候，有一位大夫出面劝阻，说："国君不能这样做，虢国是我们的邻邦，所谓'唇亡齿寒'，我们在战略上需要相互帮助。如果您借道给晋国，晋国就会在消灭虢国之后攻打我们。"

虞国国君若有所思，可是，他一心贪恋晋国送来的宝玉和良马，最终还是没有理会那位大夫的劝谏，给晋国让出了一条攻打虢国的必经之路。

晋国兵强马壮，很快就消灭了虢国，在班师回朝之际，顺便连毫无准备的虞国一并消灭了。苟息专程找虞国国君要回了宝玉和良马，并交给晋献公。

晋献公望着自己失而复得的两件宝贝，十分高兴，说："宝玉还是那么漂亮，只是良马多长了一颗牙。"

晋献公把宝玉和良马送给虞国，不仅消灭了虢国和虞国，最后宝物又失而复得，这就是有舍才有得；虞国国君为了贪图眼前的小利益而置国家大计不顾，结果导致国破家亡，这就是因小失大。

古往今来，无数的事实告诉我们一个道理：不懂得割舍的人往往什么也得不到，得到的越多越容易迷失方向，我们不需要那么执着，也没有什么不能割舍的，"舍非常之舍，得非常之得"，我们应该学会舍与得的智慧。

☕ 心灵茶社

在我们的生活中，我们都在不断地追求，希望得到我们想要的东西，但是，有很多人不愿意放弃自己已经拥有的东西。因为心里不舍得，所以也就得不到，于是经常烦恼。舍并非全部抛弃，而是为了得到更大的利益才舍，该舍的就应该舍，有舍才有得。

要拿得起，也要放得下

生活中，我们经常会有很多困惑，这些往往是因为我们无法放下自己已经拥有的东西所导致的：有的人放不下金钱和名利，有的人放不下爱情，有的人放不下不应有的执着。人只有放得下，才能做到快乐地生活。

我们时常要面对各种成功与失败，很少有人能在成功的时候做到宠辱不惊，也很少有人能在失败的时候潇洒一笑，做到拿得起放得下。这个时候，如何调整自己的心态是一个人生存本领的体现。

之前，我们接受的教育是，无论对工作还是对学习，我们都应当采取百折不挠的态度，这是通往成功的金钥匙，但是，这样的态度并不意味着凡事必须勉力而为，苛求结果，过程要远比结果重要。人生中的很多事情应该懂得放下，如果太执着就等于作茧自缚。

在亚马孙密林中，生活着一种个头很小的蜘蛛猴，他们大约十几厘米高。多年以来，当地的人们一直想捕捉蜘蛛猴，但是蜘蛛猴一般都生活在很高的树上，很难捕捉得到。一位土著人想到了一个很简单的办法。他找来一个小玻璃瓶，在瓶里装一粒花生，然后放到树下。当那个土著人离开后，蜘蛛猴就从树上下来了，把手伸进瓶子里抓花生。蜘蛛猴的手刚好可以伸进瓶子，但是抓住花生以后，拳头就比瓶口大了，手根本没法从瓶口拔出，于是，便成了土著人的猎物。土著人把蜘蛛猴带回家后，蜘蛛猴的手依然抓着瓶里的花生不放。

这个故事告诉我们一个道理：只有懂得放下，命运才能由自己掌握。

人一生要走很长的路途，拿得起放得下是舍弃生活负担的技巧，我们应该给自己的心灵腾出更大的空间去面对多彩的生活。

一般来讲，压力与职位、财富并不一定成正比，有些人比较容易感受到压力，因为他们拿得起、放不下。凡事追求完美的人，大事小事都要求做得比别人好，这样很容易分不清事情的轻重缓急，做事的时候就会感觉时间和精力不充足，有了这种压力，往往并不能把事情做好，时间久了就会形成恶性循环，最后把事情办得很糟糕，最终会形成一定的负面情绪。

人的心里如果有太多的执念，就会变得迷茫。我们每天都要经历很多的事情，有的让我们开心，有的让我们难过，不管是开心还是难过，都会在心里"安家落户"，心里装的事情一多，生活就会变得杂乱无章，然后心也随即乱起来。

很多痛苦的情绪和悲伤的记忆长时间充斥在心里，人就会变得萎靡不振。所以，我们应该给自己的心灵定期打扫，除去除尘，放下该放下的事，这样就能使黯然的心变得敞亮。只有把生活中那些杂乱无章的事情理清楚，我们才能摆脱烦乱，放下无谓的痛苦，让生活到处充斥着快乐。

人生是弹性的，我们应该刚柔相济地面对生活，放得下是为了更好地进取，当一个人舍弃自己已经拥有的，就会获得从头再来的充实和品味收获的喜悦。如果一个人舍弃一部分自己已经拥有的东西，从而获得对生命真谛的理解，那么他的人生就实现了跨越，当然，这一切都必须在舍弃的同时付出努力。

有的人在为生活的不如意而痛苦不已；有的人在为失恋而受伤、憔悴；有的人在为手足无措而一蹶不振……这些人认为生活欺骗了自己，认为感情辜负了自己，认为活着没什么意义。所有的一切都好像一块沉淀在心中的巨石，挥之不去，让人看不到生活的希望。而人之所以"放不下"，主要是因为"想不开"。一个人要想放得下，一定要先想得开。

比如，同样是失恋，有的人会认为"和自己深爱的人分开了"，有的人则认为"和已经不爱的人分开了"，前者会为失恋而痛苦，后者会感觉无所谓。再比如事业，有些人在工作中尽心尽责，付出了很多努力，但是一直看不到成功的希望。感觉自己的耕耘并没有得到相应的收获，于是在不知不觉中让自己陷入痛苦的泥淖，不能自拔。我们能放下自己过去的失败吗？当然能，我们只需要换个角度，看开一点，发现有一条路是走不通的，这本身就是一种进步。

人只要活着，生活就要继续，我们都必须面对过去的一些事情，如果你总是怨恨自己过去的失败，你就会在后悔中度过一生。生活中，除了自己能打败自己，永远没有人能击垮我们。人生下来的时候都是铁骨铮铮的，只是有些人被困难磨平、压垮了，有些人被挫折练就得坚忍不拔，如果我们能调整好自己的心态，把人生视作一个勇往直前的过程，自然会对生活充满希望，就能做到拿得起，放得下。

拿得起，放得下，就是让我们在自己短暂的人生中敢于舍弃生活的累赘，面对挫折与困顿，不低头，把一切不如意的事情置之度外。成功者之所以能取得成功，是因为他们懂得拿得起、放得下，不怕艰难，不怕烦恼，为了自己的目标奋斗不息。

拿得起、放得下，就能保持自我本色，用一颗真诚的心去面对别人，在宽容别人的同时得到别人的宽容。拿得起、放得下，就能拥有甜美的爱情，不会为失恋而痛苦，不会为生活琐事而烦恼。

很多时候，只有我们爱别人，别人才会爱我们，如果苦苦追寻却不能得到别人的爱，我们就不要勉强，放下是一种快乐，坦露自己的心去追求其他的幸福会生活得更好。很多时候，让我们产生烦恼的都是一些小事，烦恼都是我们自己找的，如果拿得起、放得下，就会发现生活很美好，烦恼只是我们作茧自缚。

当遭遇挫折和失败的时候，能拿得起、放得下，就不会一蹶不振，就有东山再起的机会；当取得一定成就的时候，能拿得起、放得下，就能淡泊名利，不被名利所累，不会被胜利和赞美冲昏头脑，敢于继续向前。

心灵茶社

人生就是要拿得起，放得下。拿得起是为了生存，放得下是为了生活，前者是一种能力，后者是一种智慧。拿不起就会让整个人生平庸而忙碌，放不下就会在人生的道路上累得疲惫不堪。人生有很多东西需要我们放下，只有放下生活中无谓的负担，我们才能轻松前行。

谁说失去不是一种得到？

有所失才能有所得，失去是上天为了让你得到另外一样东西，失去本来是一件令人痛苦的事情，但是失去有时候也是一种幸福，因为失去一种东西的同时我们可以得到另一种东西。

比如，一个人失恋了，首先他是幸运的，其次他才是不幸的。失恋的时候伤心证明自己心中还有爱，既然心中有爱，肯定是对方心中无爱才会造成失恋这种结果，爱在自己心里还依然存在着，自己并没有失去爱，这样，就在人生的旅途上拥有了最令人值得羡慕的一部分，人生就会因此变得丰富，变得更加趋于成熟。

人在得意的时候会遇到一些小挫折，小挫折在人生之中是那么微不足道，我们不必为小小的"失"而怨恨，我们应该看到自己已经得到了很多。

有一个小和尚，在方丈的禅房里打扫卫生，在他拿出鸡毛掸子清理灰尘的时候，一不小心把方丈书架上的紫砂壶碰翻了，随即落在地上摔得粉碎。小和尚顿时愣住了，站在那里不知所措，他知道那是方丈最珍贵的宝贝，每次念完经，方丈都会用它沏茶，如果方丈知道自己打碎了紫砂壶，不知道会怎样惩罚自己。想到这里，小和尚内心充满了恐惧。

就在这个时候，方丈从外面走了进来，看见手里拿着鸡毛掸子站在那里的小和尚和地上的紫砂壶碎片，立即知道是怎么回事儿了。方丈并没有发脾气，而是一声不吭地弯下腰，捡起地上的紫砂壶碎片，然后轻轻地拍了拍小和尚的肩膀，让他去做自己的事情。

小和尚低着头退出了方丈的禅房，但他心中充满自责与恐惧，这使他变得坐立不安，打坐念经的时候无法集中精力，夜里睡觉的时候经常被噩梦惊醒，他被折磨得整个人都瘦了一圈。

不久，方丈买了一把新的紫砂壶，小和尚打扫方丈禅房的时候变得格外小心了，不料，方丈竟然当着他的面把新买的紫砂壶摔在地上。小和尚惊呆了，方丈让他到井边打一桶水来，并让他一直提着，不准放下。小和尚不知道方丈为什么要让他那样做，但是他不敢违抗，只得一直提着那桶水，慢慢地，他的额头开始渗出汗珠，胳膊也变酸了，腰也变酸了，但是他依然坚持着，因为他把这一切看作是方丈对自己的惩罚，这样他以后就不用天天内心不安了。

不知道提了多长时间，方丈问他有什么感受，小和尚只说了一个字，"累"。方丈并没有让他放下，慢慢地，他觉得原来酸的地方开始变痛，感觉自己再也没有力气继续提那桶水了，这时候，方丈又问了同样的问题，小和尚的回答仍然只有一个字，"痛"。终于，小和尚坚持不住了，手里的桶掉在地上，他顿时感觉浑身轻松很多。

小和尚始终不明白方丈这样做是不是在惩罚自己，便提出了心中的疑惑。方丈说："你刚才提的那桶水就好比被你摔碎的紫砂壶，它原本只是一个饮茶的器具，被你不小心摔碎了，虽然失去了，但是不用再为它担心。你一直把这件事放在心里，与那些被钱财和名利牵制的世俗之人没有区别，都是让自己陷入痛苦之中。倘若你心无挂碍，用平常心对待所有事情，该放下的就放下，用它们去帮助那些有需要的人们，看似失去了，实际上你得到了善缘。"

小和尚听了方丈的一番话，如同醍醐灌顶，心里的重负一下子消失得无影无踪了。

我们会为失去钱财而闷闷不乐，也可能因为遭受别人的冷落而郁郁寡欢，只是在计较眼前那些小小的不如意，却从来不去想想自己有多少得意的事情，正因为如此，很多得意者反而没有一般人快乐。有人失业了，有人患病了……到头来，那些得意者由于自己看不开而成了真正的失意者。

世界上没有绝对的事情，我们失去的同时会得到另外的东西，甚至得到的要比失去的更有价值。弥耳顿在双目失明后写出了最杰出的诗作；贝多芬丧失听力后做出了最杰出的乐章；帕格尼尼是一个把小提琴演奏到极致的人。他们之所以能取得如此大的成就，是因为他们没有消极悲观，而是抱一颗平常心看这个世界，不把自己的失去当作上天对自己的不公平。人往往在逆境中才能展示自己最出色的一面。

患得患失的人一生都是苦恼的，他们总是舍不得太多东西，即便是那些人生中多余的东西，也要费尽脑汁留住。与其担心失去，还不如让它失去，失去后就不会那么担忧了，拿多余的东西换取轻松愉快的心情，我们何乐而不为呢？

☕ 心灵茶社

> 会生活的人失去的多，得到的也多，他们在得到中寻找快乐。我们应该正视人生的得失，失去一样东西是上天为了让我们得到另一样东西，不管我们失去的是什么，都应该这样提醒自己，如此一来，得到的时候就会加倍珍惜，失去了也不会无所适从。

学会放下，才能有新的开始

生活中之所以会有那么多烦恼，是因为我们没有放下，使自己的身心背负了太沉重的包袱，因为生活变得越来越累，最终变得烦恼不已。放不下就相当于给自己的心灵套上枷锁，放下不仅是一种解脱的心态，更是一种生活的智慧。不管我们的境遇如何，我们一定要放下昨日的辉煌和苦难，放下束缚自己的所有包袱。人只有放下之后才能豁然开朗，轻松自在地生活。

人拥有的东西越多，烦恼也往往越多，很多贪得无厌的人因为放不下一切美好的事物，就有可能做出因小失大的事情，贪多反而使自己失去更多。只有放下，才能有新的开始，腾出手来得到自己真正想要的东西。

对于放下，不同的人有不同的看法，其实，放下是一种智慧的选择，我们该放下的时候一定要果断放下，千万不能因小失大。放下是一种心态，人生一直都处在取舍之间，面对生活中的选择，我们应该学会满足，该放下就放下是智者的心态，只有这样才能有新的开始，取得新的成功，活出自我风采。

有一个年轻人，因为自己的生意失败了，女朋友提出了分手，原先关系比较好的朋友也开始慢慢疏远自己，于是他内心非常痛苦。有一天，他实在不堪承受了，便想去找高中时期的老师谈心。自己的女朋友和开始疏远自己的那些朋友都是高中时期的同学，年轻人觉得自己内心的煎熬只能找自己的老师去说，这样才能释怀，于是拎着水果去了老师家。

见到老师之后，他抑制不住内心强烈的情感波动，老师一看就知道他心里有事儿，于是拿出年轻人刚带来的一个苹果，让他拿着悬在空中，两个人开始攀谈起来。刚开始的时候，两个人谈的都是其他话题，当年轻人谈到自己的事情时，老师就不说话了，只是默默地听着。突然，年轻人说："这个苹果举在手里太重了，我能把它放下来吗？"

年轻人说完这句话，他的老师开始说话了："那是你自己的事情，我虽然让你举着，但是没说不让你放下，你觉得累就放下吧。"

故事中简短的话语交流告诉我们一个道理：当我们遇到挫折或者情感包袱的时候，不要让自己一直停留在原处，只要我们放下，就能走出阴影。

其实，不是过去的事情把我们搞得很疲惫，也不是命运存心与我们过不去，而是自己一直不愿意放下，总是在幻想事情出现转机，可是，事实已经摆在自己面前，已经成了不可改变的历史，我们应该勇敢面对。

烦恼都是自己找的，生活中会遭遇各种挫折，烦恼的时候只要能放下这一切，心灵就会得到解脱，该放下的时候不放下，必然给自己带来无尽的烦恼。放下并不等于放弃，只是懂得权衡事物间的利弊，我们不要过于强求自己，这样是委屈自己。一味追求不属于自己的东西只会使我们迷失自我，徒增烦恼，放下才是我们最好的选择。

烦恼的原因在于我们不知道应该如何放下。我们经常为生活中的一些事情烦恼，带着烦恼去生活，消极的情绪必然会影响我们的工作效率，事实上，我们担心的事情并不一定像我们担忧的那样会给我们带来不利。既然如此，我们又何必让烦恼困扰着我们呢？只要我们放下，全身心地投入到我们所做的事情中，就不会受这些因素的影响。

人生的旅途中，我们要放下沉重的包袱，舍弃不必要的执着，还自己的心灵一片宁静的空间，只有放下，我们才能体会到人生的真谛。当自己选择的目标不适合自己的时候，我们应该果断放弃，理性地面对生活的一切，这样才能感受到生活的快乐。懂得放下执着，才能开始新的生活，才会获得更多的回报。放下是另一种方式的拥有，是成全自己快乐、幸福的方式。

人生要经历各种各样的挫折，我们选择的道路并不一定是适合自己的，有时还会成为自己的障碍，让我们经常碰壁，因此，我们应该学会放下一些使我们负重的选择，巧妙地穿越人生道路上的荆棘，这是一种进步的智慧，也是立身处世中的风度。

现实生活是残酷的，每个人都会碰到一些不尽如人意的事情，有时候，我们不得不面对现实，向困难低头，说得俗点，就是该低头时就低头，只有放下所谓的尊严和"面子"才能走出困境。敢于"碰硬"看起来是一种骨气，但是一味地"碰硬"只会弄得自己头破血流，甚至一败涂地，放下是另一种形式的拥有，能不"碰硬"，我们就不要为此给自己带来无尽的烦恼。放下能让自己在人生的道路上避免磕碰，可以帮助我们重新开始，这样一来，我们就能走向另一种成功。

☕ **心灵茶社**

> 人生不如意之事十有八九，不管我们昨天所做的事情是成功了还是失败了，都已经成为历史，不应该在炫耀中松懈，更不能在烦恼中沉沦。我们应该放下过去所有的一切，只有这样，我们才能重新开始，走向美好的明天。

有理也让，是一种气度

俗话说"有理走遍天下，无理寸步难行"，可见人们深知没有理就很难得到别人的支持，可是，如果自己有理，又该怎么做呢？我们经常可以看到有些人得理不让人，结果被责难者要么不买账，要么自己憋一肚子气。

生活中有很多不顺心的事情，很有可能你是有理的，但有理就一定要不让人吗？讲理是天经地义的事儿，以理服人是最好的处事方法，即便有理，也应该学会让人，只要没有什么大的原则问题，批评别人要委婉，要让他人容易接受，这样就能达到一种双赢的效果。

现实生活中，很多冲突都是因为一方或双方得理不让人造成的，争胜负只会把小事闹大，其实，在这些小事上，没有必要弄得那么清楚，不妨得理也让三分，用豁达的心胸对待别人。宽容的人能包容别人的错误，这样就能团结更多的人，如果自己遇到什么挫折，就会有很多人出手援助，为自己增加成功的能量，创造更多成功的机会。

汉朝时，有一位叫刘宽的人，他为人宽厚，在任南阳太守的时候，有人做错了事情，他就让差役用蒲草鞭责打以示惩戒，使其不再犯错，他的做法深得民心。

刘宽的夫人不相信别人所说的话，就想试探一下他是否真的像百姓说得那样仁厚，于是让自己的婢女在刘宽和部下一起议事的时候端出一碗肉汤，然后装作不小心把肉汤洒在他的官服上。

刘宽的夫人在后面看着，心想他会把婢女毒打一顿，即便不打，至少也会怒斥一番。但是，刘宽并没有发脾气，而是问婢女："肉汤热不热，有没有烫着你的手？"

刘宽为人宽容之肚量可见一斑，这就是"有理也要让三分"的做法，他感化了人心，也赢得了人心。每个人都有好胜心和自尊心，对于生活中那些非原则性的问题，我们应该学学刘宽的做法，主动显示自己的宽宏大量。

俗话说"人非圣贤，孰能无过"，每个人都会有过失，因此，每个人都有需要别人原谅的时候，宽容别人不仅是给别人机会，也是给自己创造机会。即便自己有理，也应该礼让别人三分，当你给别人一个台阶下的同时，也为自己攒了一份人情，留下一条后路。

三国时期，各地诸侯纷纷割据称雄，各个势力长年混战，力量此消彼长，曹操也在这个过程中逐渐变得强大起来，成为唯一能与袁绍相抗衡的力量。但是，刚开始的时候，袁绍的力量要比曹操强大得多，所以曹操的很多部下都曾暗中与袁绍勾结，希望给自己留条后路。

官渡之战结束以后，曹操把战胜所得金银珠宝全部分给了手下的军士。在清理战利品的时候，曹操发现了一大摞部下写给袁绍的密件。那些曾经写信给袁绍的部下眼看秘密即将败露，一个个胆战心惊，不知道该怎么办为好。

曹操手下有一名将领提议道："可以把这些人的名字全部核

实，逐一杀掉。"曹操说："当时袁绍实力很强大，我也不知道自己能否自保，何况是这些人呢。"说完，连一眼也没看，就下令将密件全部烧掉了。

曹操烧密件的做法无异于化敌为友，可谓匠心独具，他给了部下改正错误的机会。曹操是看透人性了，人在特殊的情况下都会被眼前的利益所驱使，都有可能做出错事，如果曹操小肚鸡肠、斤斤计较，对那些曾经有意叛逆者彻查到底的话，很有可能会动摇军心，况且当时正是用人之际，如果处治一部分部下，自己的实力也将受到很大的损失。

正是曹操既往不咎，让部下觉得他宽宏大量，所以才有了后来的众多谋士、武将纷纷投靠，为曹操出谋出力，使其夺下了整个中原大地。

曹操的宽容绝不是稀里糊涂的，只是不斤斤计较罢了。有理也要让三分并不是软弱的表现，它体现了一个人的气度和涵养。

在一家咖啡厅里，一位顾客冲着服务员大叫："服务员，你过来！赶紧过来！你们的牛奶坏了，把我一杯上好的绿茶也给糟蹋了。"

"真的很抱歉！"服务员赶紧道歉，并微笑着问，"先生，要不我再给你换一杯，还要牛奶吗？"

很快，服务员就把一杯新的绿茶准备好了，轻轻地放在那位顾客面前，轻声说："先生，我建议您不要把柠檬放进牛奶里，这样会造成牛奶结块。希望你喝得开心！"

那位顾客的脸一下子红了，赶紧把自己叫的茶和水果吃完，然后匆匆离开了咖啡厅。

有人问服务员："明明是他自己的错，还那么嚣张，你为什么不直接说出来呢？他对你那么粗鲁，你应该让他当众出丑。"

服务员说："正是因为他比较粗鲁，我才要用婉转的方式去对待他。既然他不懂柠檬和牛奶不能放一起，我是解释不明白的，我和气地对他，他自然不再理直气壮。"

试想一下，如果服务员当时就大声与那位顾客辩解，将会出现什么样的情况，即便顾客知道自己有错，也肯定不会承认。服务员知道对待粗鲁的方式是用婉转的方式，有理也让三分，这样更能让人信服。

凡事都要争个是非分明，这种做法是不可取的，最好的办法就是把心放宽，不管谁对谁错，有理也让三分，这样一来，事情就会朝着好的方向发展。

为人处世的过程中，我们要善于发现别人的优点和长处，学会尊重别人，不要意气用事或得理不让人，有理让三分，事情一定能完美收场。

☕ 心灵茶社

> 争论是为了得到利益，有时候避免争论会得到更大的利益，如果一个人靠斤斤计较和雄辩取得利益，这种成功就会显得很空洞，也会让他失去更多的机会。有理也要让三分，比雄辩和计较更能令人信服、接受，赢得完美结果的同时赢得了别人的尊重。

第八章

心若简单，生活就简单

强者把不幸当作垫脚石

有个成语叫"木已成舟"，还有一个成语叫"覆水难收"，听到这两个词，我们会不自觉地发出一些感慨。是的，人生本来就有很多无奈，总有那么一些事情是我们不能把握和控制的。

既然已经成为事实，我们就不要再为那块成舟前的木头，或者那盆未倒出去的水做各种假设。也许这块木头可能在能工巧匠的手下变成一张典雅而高贵的梳妆台，也许那盆水能够救活一个在沙漠中濒临死亡的人，在木未变成舟，水未倒出去之前，它们的命运有很多种。可是，既然木已成舟，也就意味着它"放弃"了其他所有可能的命运，只能以舟的形式存在，即使你不喜欢，甚至厌恶和抱怨，也无法改变。

有的人说人生就像是在打扑克，无论你抓到的是一手好牌，还是一手烂牌，你都要而且必须得认真打下去。拿到好牌的人当然会好过一些，因为他只要稍微动点脑筋，就不会输得很惨，而拿到"烂牌"的人就不会太好过，但是他也不必太过担心。

因为拿到的是一副"烂牌"，所以走每一步都会小心谨慎，再三思量，想办法把手中的"烂牌"打出最高的水平，结果很有可能反败为胜；而那些拿着好牌的，可能会掉以轻心，在中途放松自己，最后一着不慎，满盘皆输。所以，勇于接受生活真相的强者，即使遭遇不幸，也会将这些不幸当作垫脚石，活出属于自己的精彩。

有两个作家，一个叫福成，一个叫福德。他们两人先后患上白内障，视力严重受损。随着病情的加重，他们甚至无法正常阅读、写作和观察生活。来自身体上的不幸令他们非常沮丧。福成自患上白内障后，情绪变得很糟、暴躁、易怒，并沾染了酗酒嗜烟等毛病，整日骂天喊地，抱怨不已，不足半年他的身体条件每况愈下，双眼完全失明了，再后来，他因一次酗酒而亡命。

尽管福德也常抱怨命运的不公，咒骂该死的疾病，但他没有走上另一个极端，而是更加担心失去工作，担心妻儿与自己一起挨饿。他认为，自己必须想个好办法来解决这个难题，转念之间，他由自己的疾病想到了视力不良者的不便和需要，随即决定研究出一种特别印制的书籍，为视力不良者带来福音。

福德想，自印刷术发明以来，除了依然是把字印在纸张上外，一切已经改变，那么有没有一种更方便阅读字体的方法呢？如果能够研制出来，也算是对社会做出一点贡献了，况且，说不定这还会为自己带来丰厚的利润呢！福德的视力不好，便尽量选在白天工作，经过差不多一年的研究，福德发现在纸上印有粗线条的斜纹字体，不但对视力缺陷者大有帮助，也能提高一般人的阅读速度。于是他开始集中注意力从事这方面的研究，并从银行中提取出自己仅有的15000元存款，将自己新研究出来的字体整理妥当，计划全面推广。

福德在加州的一家印刷厂开始印刷，这是第一部特别印制而成的书，他没有选择什么文学巨著，而是选择了全球销售量之冠的《圣经》。无疑，这种宣传极具号召力，一个月内，福德接到一笔70万本《圣经》的订单……

原来阻碍我们不断前行的绊脚石不是"不幸"本身，而是把"不幸"当作不幸听从命运安排自暴自弃的心态。"不幸"于福德而言，反倒成了他创业的机会，原因就在于，他没有将不幸当作不幸，而是将不幸当成了自己迈向成功的垫脚石。

在体育运动竞技场上，一方有五人或超过五人参与的集团项目对抗运动有篮球、足球、排球等。在这类比赛大局已定时，在领先的一方优势明显已超过落后方，落后方看似已无力扭转败局的情况下，比赛实际上已进入"垃圾时间"。

这时候，双方主教练都会不约而同地将场上的主力换下来，换上一些平时很难有机会上场比赛的替补球员或是新进球员。这是为什么呢？这是大家都心知肚明的事情：一方面它方便那些主力球员有更充裕的休息时间，尽快恢复体力，应付后面更加紧张的比赛；另一方面，这段时间也能够锻炼新人，甚至发现"明日之星"。

在这样的时间出场，对于一个球员来说是不幸的，因为此时比赛的胜负基本已定，没有悬念，看台上的观众已经无太大兴趣，甚至开始纷纷离场。

缺少了观众的关注和喝彩，许多球员开始表现得懒懒散散，即使在之前他们打得很是精彩，这会儿已难以引起教练的瞩目，也就很难再有出场的机会，久而久之，他们会在观众的视线中逐渐消失。但另一些球员则会看淡自己的"不幸"，他们珍惜每一分钟上场表现的机会，会在这有限的时间里格外地卖力，一直竭尽所能地全力展现自身的价值，从而能够获得在"垃圾时间"连续出场的机会。因为这时候，他们的坚韧品质已尽收教练和观众的眼底。对于这样的球员，教练自然会给予他们越来越多的表现机会。慢慢地，他们对球队的贡献越来越大，从而越来越占据球队主力的位置。

说出来令人难以置信，实际上，正是这种"不幸"造就了那些真正具有价值的球员。在这类运动中，几乎所有的超级明星都是从"垃圾时间"里锻炼出来的，比如足球场上的球王贝利、马拉多纳和天才少年梅西，篮球场上的科比、姚明、易建联等，通过在"垃圾时间"里的一连串的闪光表现，他们将"不幸"当作垫脚石，抓住了这稍纵即逝的机会，最终一步步坐上球队的主力位置，成为万众瞩目的巨星。

由此看来，生活中的不幸并不一定会让你真的不幸，这要看你怎么对待它了。失败者常将不幸当作真的不幸，认为自己再无翻身余地，所以再也无法摆脱不幸的命运；而成功者从来没将不幸当作真正的不幸，他们认为这可能是个机遇，并愿意为此做出坚持不懈的努力，那么，这份不幸就将成为他走向成功的天梯。

☕ 心灵茶社

> 塞翁失马，焉知非福。凡事皆有两种可能，一种可能是截断了你之前所渴望实现某种目标的一条道路；另一种可能是开启了你重新起航，从其他角度获得成功的一条道路。如果你选择前者，你觉得悲观无望；如果你选择后者，你会前途无量。

美好生活，从换位思考开始

有钱有势，别人就会巴结你、逢迎你；无权无势，别人就会冷淡你、躲避你。正像一句俗话"贫居闹市无人问，富在深山有远亲"，有过家道中落的人就会体会得更加深刻。很多人经历了岁月沧桑，看惯了世态炎凉，认为这个世界上只有利益，没有真正的感情，有的是人走茶凉，亲朋之间为了利益反目成仇、落井下石的事情时有发生。

因此，有了"逢人只说三分话，未可全抛一片心""人情似纸张张薄，世事如棋局局新"等所谓的人情世故格言，更让正常的人际关系笼罩一层世态炎凉的阴云，使人的心灵变得一片荒芜。我们面对世态炎凉不应该如此愤世嫉俗，人间多的还是真情，世态炎凉只不过是人趋乐避苦的本性，每个人都避免不了，只要我们学会换位思考，心里就会是暖的。

> 有一名退休的老干部，在退休之前是专管人事的副局长，过节的时候家里总是门庭若市，有一点头痛脑热就会有很多人去看望他。退休以后，过节的时候基本上没有人去。前些日子他动了一个大手术，竟然没有一个人来问候一声，于是在自己的书房里挂了一副对联"世上有两险：山势险，人心更险；人间有两薄：春冰薄，人情更薄"，每当有人去做客，他都会指着对联感慨人情淡薄。

其实，那位老干部不必如此气愤，换位思考一下，自己会不会去看望一位不在位的老领导呢？如果答案是肯定的，就印证了人间自有真情在；如果是否定的，那么连自己都做不到的事，怎么要求别人做到呢？

年轻人一般都把情意当作美好的事情，可以为朋友两肋插刀，不会把钱财放在心上，随着年龄的增长，大家经历了太多沧桑沉浮，听惯了风言冷语，情义就变得越来越淡了，利益成了永恒的追求，自己的心慢慢先"凉"了起来。

只要是能独立思考的人，无论贫富贵贱，在精神世界里都是平等的，谁也没有资格看不起谁，每个人都有自己的思考方式，所以我们有不良情绪想对别人发泄时，要学会换位思考，多为别人想一想。朋友之间、夫妻之间、同事之间都需要相互理解，不然就会活在没有硝烟的战争中，这样对人对己都是一种折磨。

换个角度看待世态炎凉，很多事情一眨眼就过去了，凡事不必过于斤斤计较。当别人不再照顾我们的时候，我们应该照顾好自己，世界上最爱自己的人永远都是自己，面对世态炎凉，我们应该乐观一点，凡事总会过去的。

不同的环境、不同的生活、不同的观念、不同的思维方式决定了思考角度的不同，在两个人思想上有冲突的时候，我们不应该感叹世态炎凉，而是要设身处地地为别人想一想，学会换位思考，内心的埋怨就会消失。

换位思考是一种理解，是一种体谅，更是一种包容。如果我们能在生活中做到多包容一点，很多无谓的矛盾就会自动消除，我们会因此收获真挚的情感。

春秋时期，管仲和鲍叔牙是齐国的一对很要好的朋友。他们都还年轻的时候，管仲家里非常贫穷，还要奉养母亲，鲍叔牙知道情况以后就找管仲一起做生意，他没有让管仲拿一点本钱，可是，做生意赚钱以后，鲍叔牙就把大部分钱分给了管仲。

鲍叔牙的仆人知道了真实情况，就说："这个管仲真奇怪，做生意没有出本钱，赚到钱以后竟然比主人分的还多。"

鲍叔牙说："不要这样说。他家里比较穷，还要奉养母亲，多拿一点是应该的。"

有一次，管仲和鲍叔牙一起去打仗，每当进攻的时候，管仲就躲在最后面。大家看见后就骂管仲贪生怕死。鲍叔牙赶紧替管仲说话："你们误会他了，他不是贪生怕死，而是要留命回家去照顾自己的母亲。"管仲听到之后，说："生我养我的是父母，了解我的人是鲍叔牙！"

凡事不必斤斤计较，只有多从别人的角度思考问题，才能赢得别人的尊重，才能让对方也能包容你。鲍叔牙处处体谅管仲，最终赢得了管仲的肯定。试着多体谅别人，就会被别人理解，人与人之间经常换位思考，就会心无芥蒂。学会换位思考是经历世态炎凉后的一种坦然，是一种海纳百川的气魄。

遭遇变故，在深刻感受到世态炎凉后，我们应该学会换位思考，学会换位思考不是超脱，而是一种冷静看待事物的目光，是在经历磨难后才会拥有的大智慧，是对脆弱的生命做出的一种宽容的姿态。人生苦短，在这个世界上，我们应该笑看世态炎凉，学会换位思考。

如果人与人之间能真诚相处，每个人都保持一颗平常宁静的心，即便有了冲突，就是吵上一架、打上一架，心里也会踏实。如今，别说吵架、打架了，就是彼此之间的高声说话也要三思而后行，凡事都要看别人的脸色。生活在今天的时代，我们应该学会换位思考，这样就不会有那么多的抱怨。

人与人交往就是为了一个"情"字，任何人都不想生活在一种没有真情的环境中，那样的生活实在是太累了，太让人苦闷了。学会换位思考，打开自己的心扉，真诚地与人交往，我们就能赢得别人的尊重，就能体会到生活的美好。

☕ 心灵茶社

> 趋乐避苦是人的本性，每个人都在追求幸福快乐的生活，不能有攀附权贵、利益至上的心态。面对世态炎凉，我们不应该埋怨，斤斤计较没有任何意义，我们应该学会换个角度思考问题，这样我们就能赢得别人的尊重与理解，做到让别人真诚地与自己相处。

平淡看待别人的表扬与批评

生活中，谁不希望得到他人的称赞呢？有时候，别人一句赞扬的话会让我们喜悦半天，虽然听起来并不是那么真实。赞美和荣誉就像春天里的花朵，谁都无法抗拒。当然，有时候你也会迷失在荣誉中，错把那些荣誉和赞美当成自己的成就，当作人生的谈资，向外人炫耀。

可是除了掌声，你是否想过沉淀自己，告诉自己不要被这些虚浮的东西迷惑。因为有时候，你很可能因为这些赞誉而吃亏。

埃德加·胡佛曾任美国联邦调查局的局长，所有的 FBI 侦探只效忠他一人，听命于他的指挥，他为人城府很深，心计颇多，很少有人能欺瞒过他。FBI 是一个严密而有序的机构，胡佛对其中的人员素质要求非常高，他曾规定，联邦调查局的所有特工人员都必须严格控制体重，不准超标。

有一天，一位身材偏胖的特工被提拔为迈阿密地区特警队的负责人，在得知这个消息后，他满面春风，洋洋得意，但又突然陷入担心和慌乱，因为在任职之前，他需要去见胡佛局长，并当面接受胡佛局长的考查。他心里明白，如果这样前去，一定会"露馅"的，要是被胡佛局长发现，他一定不会有好日子过。于是，他开始绞尽脑汁地琢磨："我发福得这么厉害，怎样才能顺利通过局长接见这一关呢？"

不过，这位胖子特工倒是非常机灵，在被胡佛局长接见之前，他匆忙到街上买了一套衣服，这套衣服的号码比平时穿的要大一号。他穿上这套新买的衣服一试，非常满意。因为穿上这套衣服会给人一种假象，那就是减肥卓有成效，至少已经减下十多斤了。

到了接见那一天，胖子特工穿着这身衣服去见胡佛。一见到胡佛局长，胖子特工就一阵夸赞，感谢胡佛提出的控制体重的要求，并一本正经地说："局长控制体重的指示简直太英明了，这简直就是救了我的命啊……"

听到下属的赞叹，胡佛心里当然美滋滋的，在这种气氛的渲染下，他不但没有批评他，反而还连连夸赞，鼓励他再接再厉，继续带头瘦身。结果，胖子特工顺利过了这一关，如愿以偿地到新岗位上任职去了。

后来，当胡佛局长得知此事的真相后，深为自己的行为感到愧疚，并说了一句意味深长的话："谁越得意于恭维，越可能被恭维者支配。"

其实，得意于恭维，不仅是被恭维者支配，也是被恭维的话语支配。恭维的语言于耳朵是一种佳肴，于心灵却是一种毒药。用狐狸和乌鸦的故事来证明恭维的代价再恰当不过了，狡猾的狐狸用花言巧语从乌鸦嘴里骗走了那块它视为珍馐的肉，而在现实生活中，不是有许多这样的真实故事在故伎重演吗？

我们今天之所以感到痛苦，就是因为别人的赞誉充盈了我们的心胸，使我们的优越感过于强烈，使我们觉得自己很有才干，而当真正的难题摆在面前时，我们才明白。所以，当你在享受赞誉时，一定要能保持一颗淡然的心。在享受赞美时，不妨去试着接受批评。

作为好莱坞当红女明星，哈莉·贝瑞称得上是一位奇葩人物。她是一位拥有黑白混血的演员，是美国黑人女性的杰出代表。2001年，她凭借在电影《死囚之舞》中的出色表演，赢得了第74届奥斯卡金像奖"最佳女主角"奖，成为奥斯卡历史上的第一个黑人影后。

然而，并不是所有的鲜花都会依偎在一个人的胸怀。2005年2月26日晚，哈莉·贝瑞被命运开了一个天大的玩笑，她的事业一下子从巅峰跌进了谷底。

那是在第25届金酸莓电影奖（恶搞奥斯卡金像奖的颁奖典礼，每年都抢先在奥斯卡颁奖之前揭晓，借以向备受传媒批评的劣片致敬）颁奖仪式上，哈莉·贝瑞主演的《猫女》被评为"最差影片"，她也被评为"最差女主角"。她一手拿着当年夺得的奥斯卡最佳女主角奖座，一手拿着金酸莓奖奖座走上颁奖台，惹得台下一片笑声。此举也震撼了整个好莱坞，因为她是第一位亲手接过此奖杯的好莱坞女影星。

对于这样的颁奖仪式，好莱坞的明星大腕们从不正眼相看，更别提参加这个颁奖仪式，接过授予自己的"最差××"奖杯了。可哈莉·贝瑞却来了。

主持人问："您为什么不怕丢丑前来领奖？"

她站在众人面前，从容地紧握着奖杯说："我认为，作为一个演员，我们不能只听溢美之词，而拒绝批评和指责。在赞扬和恭维中，我会迷失方向，而批判和审判让我清醒，今天我来领取这个金酸莓'最差女主角'奖，就是为了使自己获得清醒。我相信它将成为我人生中最宝贵的一笔财富！"

话音刚落，台下早已响起一阵又一阵热烈的掌声。

次年，哈莉·贝瑞凭借《X战警》再次站在了奥斯卡颁奖台上。她用自己的自信、毅力和奋斗征服了所有的评委。2012年，她凭借《暗涌》赢得西雅图电影节最佳女主角奖。

因为懂得避开光环，坦诚迎接批评，所以哈莉·贝瑞是清醒的。因为这一份清醒，她认识到自己的不足，然后知不足而不断进取，所以才会不断创造佳绩。

心灵茶社

掌声和荣誉会让人夜郎自大，骄傲蛮横，在这些赞誉面前，要注意保持一颗清净的心，莫让生命最初的那颗清净透明、纯净的心沾染了过多的虚妄和狂躁，使自己陷入泥泞之途。

正确看待生活中的福与祸

> 塞上有个人，养的一匹马跑了，邻人们都来安慰他，而他却说："焉知这不是福呢？"过了不久，那匹马带了好几匹骏马回来，邻人们都向他道贺，他又说："焉知这不是祸呢？"他的儿子很喜欢骑马，但一天骑马时不幸摔断了腿，邻人又来安慰他，他又说："焉知这不是福？"过了不久，胡人入侵，很多壮丁都被征去作战，平均十人中，只有两三人活着回来。而他的儿子因为断腿，所以不用服役。

正所谓"福中有祸，祸中有福"，生活中也有很多类似的事情，失去了未必就一定是坏事，得到了也不一定是好事。这并不是给"得"的那些人泼冷水，而是提醒那些"失"的人，不要为失去而懊恼，失去一些东西，我们还可以得到另一些东西，可能我们一时看不出得与失，也无法验证自己到底是得还是失，但只要我们不把得失看得太重，以一颗平常心看待得失，就能生活得开心些。

故事中邻人们就是现实生活中很多人的写照，这些人总是急于判断一件事情的好坏，当遭遇挫折和困难的时候，常常想迫不及待地采取补救措施，试图把局面挽救过来，然而，在紧张的情况下，做事往往不能尽如人意。

就像小时候，我们犯了错误，但是想瞒住父母，于是找一些合理的理由证明错不在自己，但是几乎都以失败告终。并不是因为小孩子没有父母聪明，而是因为人在被急躁困扰的时候，思维就会变得如同一团乱麻，只有像塞翁那样，抱一颗处变不惊的心，才能帮助我们走出困境。

波伊提乌是古罗马著名的哲学家，他的著作无论是在当时还是现在，都对人们的思想有着很大的影响，也是西方哲学的奠基石。但是，波伊提乌并不是轻而易举就得到这些成就的，他最著名的作品《哲学的慰藉》有着一段"因祸得福"的经历。

波伊提乌曾经是一位杰出的政治家和演说家，在当时享有很高的社会地位和声誉。此外，他的家庭也非常美满，儿子同样是个才华横溢的人。他的生活看上去是非常完美的，大家都很羡慕他，越来越多的人除了羡慕，开始嫉妒他了，并且在国王面前说他的坏话，甚至有人在国王面前说波伊提乌有叛国思想。

最后，国王听信了别人的谗言，并给波伊提乌安了一个"莫须有"的叛国罪名。一夜之间，风光无限的波伊提乌变成了阶下囚，刚开始，波伊提乌不停地呐喊，仿佛要让全世界的人知道自己的冤屈，希望国王能给自己平反。然而，国王根本听不进去他的话，因为他是叛国的罪名，所以也没有人愿意帮助他。

波伊提乌知道自己已经无力回天了，不得不忘记那些奢华的生活，他开始清醒地认识自己，觉得自己说委屈没有任何作用，他开始思考。通过不断的思索，他后来发现了著名的"命运转盘"，即在人的"命运转盘"中，只有"轴心"是不变的，这个"轴心"是指不会随命运改变而发生改变的真理，也是自然法则。

波伊提乌还提出，只要能掌握这些不变的真理，当身处逆境的时候，就不会向命运妥协，而是时刻保持乐观向上的生活态度，然后用清醒的头脑寻找解决问题的办法。

我们可以试想一下，如果波伊提乌一直过着近乎完美的生活而没有牢狱之灾，他会取得这么大的成就吗？这场牢狱之"祸"恰恰就是诞生如此伟大的哲学思想的"福"。

其实，很多时候人感到痛苦，并不是因为他所处的环境有多糟糕，而是因为他们用消极悲观的生活态度去看待问题，所以就无法心平气和地看待人生中的挫折。

通常境况下，我们在生活和工作中经常会遇到一些表面看上去像"闹心"的事情，比如领导突然给自己安排了一大堆任务，自己没有足够的时间去把它们做完；领导为人很挑剔，总是吹毛求疵，对自己的态度非常恶劣；自己不喜欢自己的工作，不能无法承受压力，只得辞职等等。

然而，我们换一种思路去分析这些问题，就会变成另一番景象：领导给我安排的任务多，说明我的工作能力强，我一定要尽快完成，说不定还有升职的机会呢；领导对我要求严格是因为我做得还不够好，我要争取做得完美；虽然没有工作了，但是凭我的能力，一定能找一个自己喜欢的好工作。

生活中的很多"闹心"并不一定给我们带来不幸，当我们面临挫折的时候，一定要先让自己保持良好的心态，然后再思考一下怎么样才能把"祸"转变为"福"，若能这样，生活中还有什么事情能让你烦恼呢？

☕ **心灵茶社**

世事变幻无常，好事有时候能变成坏事，坏事有时候也能变成好事，面对磨难和挫折，我们应该以发展的眼光看待一切，只有这样才能看到希望。人生没有一帆风顺的，失去会让我们烦忧，只要我们以平常心面对生命中的起起落落，人生就会变得更加绚丽多彩。

处变不惊，方能游刃有余

苏轼曾经说过："天下有大勇者，猝然临之而不惊，无故加之而不怒。"意思就是说，当有重大事故降临的时候，不要惊慌失措，对于那些无故而来的羞辱，也不要生气和愤怒，这才是大勇的体现。

要想时刻保持沉着和冷静，我们就应该长期耐心地控制自己的情绪。人的思想会不断地发生变化，要想了解自己而控制自己的情绪，首先必须通过思考去了解别人。当一个人对他人和自己都有了正确的了解，就容易弄清楚事物内部存在的因果关系，就会不再生气，会变得处变不惊、泰然自若。

面对危机和挫折，最重要的就是要保持沉着、冷静，"安静则治，暴疾则乱"，如果遇事心慌，行动必然会乱掉，只有沉着冷静，才能化险为夷，转危为安。

在印度，有一条毒蛇不知从什么地方钻进了一家豪华餐厅里，当它从餐桌下游走到一位女士的脚背上时，女士已经感觉到是一条蛇，但是她并没有慌乱，而是一动不动地任由那条蛇从自己脚上爬过。然后，她叫来侍卫，要了一盆牛奶，放在开着玻璃门的阳台上。

有一位正在就餐的男士看见了女士的做法，大吃一惊，他知道，把牛奶放在阳台上只会招来毒蛇，于是他意识到餐厅里有一条毒蛇，便用眼睛四下巡视，但是他把房顶和四周扫视了一遍，也没有发现毒蛇，所以断定毒蛇肯定在桌子下面。他没有尖叫着跳起来，也没有警告大家注意脚下，而是冷静地对大家说："我想考一考大家的自制能力，我从现在开始数数，在我数到 400 之前，谁能做到一下不动，我就给他 100 比索，但是如果谁动了就要给我 100 比索。怎么样，大家敢不敢拿自己的自制能力与我打赌？"

大家都觉得这是一件很轻松就可以做到的事情，于是就同意与男士打赌，大家都一动不动。当男子数到 370 的时候，一条眼镜蛇向阳台上那盆牛奶游走过去。就在这时，男士迅速向前，把蛇关在玻璃门的外面。客人们都还一动不动地坐在自己的位置上，见那位男士如此举动，都惊呼起来，纷纷夸赞他的冷静与智慧。

女士算得上一个沉着机智的人，如果不是那位男士想到一招，肯定会有很多人的脚要乱动，只要碰到眼镜蛇，后果就会很严重。故事中的女士和男士值得我们学习，在生活中，我们同样需要这种沉着冷静的心理品质。人在危急关头容易产生恐惧、紧张情绪，行为很容易失措，一旦让自己冷静下来，就会想到摆脱危急的办法。

镇静的人知道该怎样控制自己，在与人相处的过程中能够适应他人，这样就会赢得别人的支持与尊敬。一个人越是处变不惊，他的影响力和号召力就会越大，即便是一个普通的人，如果能提高自制力，就能保持沉着、冷静。

很多人因为自己火爆的性格而把自己的生活变得一团糟，毁灭了很多真与美的事物，同时也葬送了自己平稳安宁的性格，并把这种坏影响传播开来，从而破坏了自己的生活和原有的幸福。人性因为毫无节制而骚动，只有能控制自己思想的人才能走过生活中的风风雨雨，走向美好的生活。

如果一个人脾气暴躁就很难与他人更好地沟通，自然很难听进他人的意见，很难与人建立良好的人际关系。控制自己的情绪，以平和的心态看待事物，就会思维清晰，减少决策失误。关键时刻能保持冷静的人能给别人留下沉着、处变不惊的印象。如果一个脾气暴躁的人总是不问青红皂白就大发雷霆，就算事后向别人道歉，也会像在木板上钉上钉子，即便拔掉钉子，木板上也会留下永远无法抹平的痕迹。

李嘉诚曾经说过："好景时，绝不过分乐观；不景气时，也不过度悲观。在衰退期间，大量投资。我们主要的衡量标准是，从长远角度看该项投资是否有赢利潜力，而不是该项资产当时是否便宜，或者是否有人对它感兴趣。"这是他经营的秘诀，正因为有了这种平和的心态，他的事业才能取得极大的成功。

有一年夏天，乾隆命令部下给宫廷新进一批扇子，按照习俗，扇面上要提上字画，于是，乾隆便挑一把比较喜欢的扇子，让纪晓岚把《凉州词》题上去。

不知道是什么原因，纪晓岚不小心把"黄河远上白云间"的"间"字给漏掉了。乾隆看到扇子后很不开心，就把扇子扔给纪晓岚，说他欺君。纪晓岚一看才知道自己一时疏忽漏字了，但是他并没有惊慌失措，而是脑筋一转，不动声色地对乾隆说："启禀皇上，我题的不是一首诗，而是一首词。"

"明明就是一首诗，怎么到你这儿就变成一首词了？"乾隆带着怒气说，"你必须给我说清楚。"

"皇上息怒，让微臣给你念念。"纪晓岚不慌不忙，"黄河远上，白云一片，孤城万仞山。羌笛何须怨，杨柳春风不度玉门关。"

经纪晓岚那么一断句，《凉州词》果然成了一首词，意思一点都没有改变。乾隆听后很高兴，连连夸赞纪晓岚的机智，并没有治他的欺君之罪。

纪晓岚处变不惊，从容面对，最终化窘迫为诙谐。人的才华不运用到最需要的时候就会变得平庸，当遇到突发事件时，我们应该冷静下来，把问题弄清楚再去解决。

人在生气和愤怒的时候最不沉着冷静，其实，冲动只会让我们把事情搞得更糟糕，我们不要让自己乱了阵脚，做出有失理智的事儿，反而把事情弄得更加复杂，造成不可挽回的严重后果。生气和愤怒的时候，我们要做的第一件事情就是把自己的情绪稳定下来，只有这样才能处变不惊，让问题得到很好的解决。

☕ 心灵茶社

面对别人的羞辱或攻击，生气和愤怒并不能解决问题，最重要的是保持沉着冷静。控制自己的情绪，让自己保持冷静，就能找到客观存在的事实和他人的不近人情之处，从而找到解决问题的方法，使自己从劣势变为优势，转危为安。

幸福就要简简单单

曾经年少时，我们缺乏阅历，缺乏为人处世的经验，看问题也只是从我们单纯的心灵角度出发，所以没有那么多的是是非非、恩恩怨怨。当我们长大后，再去看一些事情，突然就多了一些其他的想法。

我们见过的一粒沙或一朵花，不再是单纯的一粒沙或一朵花，而是曲曲折折、许许多多其他的东西。我们对待一个人或一件事，也不像从前那样纯真了，其中也许掺杂了许多与利益相关的东西。曾经的我们简单、执著、勤奋、坚持，而现在的我们则深陷在各种错综复杂的关系中，很难再用最简单的思维去想象和解决它。

于是，一件原本很简单的东西，被我们塞进了很多冗杂的想象，办起来永远不再那么从容和洒脱。我们的生活中到处充斥着复杂的表情、复杂的感情、复杂的心情。我们一生复杂，一生追求，对于复杂的生活，我们大部分怨天怨地，却不肯简化，不肯放弃，我们总觉得幸福遥不可及。

然而，幸福真的那么遥远吗？

办公室里住着一群"文艺青年"，大家在一起工作、一起吃饭、一起谈天说地，有时也会一起结伴去旅行。

一个惠风和畅的周末，大家约好徒步到深山里去踏青。由于是第一次到那个地方去，事前也没有做好充足的准备，没有弄清当地的地理环境，所以他们在深山里迷了路，绕了远，从早晨一直走到黄昏，走了整整一天，才找到来时的路。从迷途中走出来后，大家都已经"弹尽粮绝"，个个气喘吁吁，饥肠辘辘。

幸运的是，山底下有一家饭店，大家不约而同地向它奔去。进入饭店，大家马上一个个东倒西歪地坐在饭桌旁，边贪婪地喝茶，边招呼店老板做饭吃。

店里的服务员见客人到来，马上拿着菜单过来招呼，站到他们面前等待他们点菜。朋友们不耐烦地说："点什么点，都饿得前胸贴后背了，有什么可口的饭马上每人给端一碗来！"服务员狐疑地拿着菜谱到厨房去了。

奇怪的是，这群平时格外挑剔的人此刻却一个个变成了完全随意的人。平时坐在一起吃饭，大家都是呀五喝六的，这个点什么样的菜，那个点什么样的糕点或粥，都是格外讲究的，有时候点菜还要看心情。等饭菜上来了，每个人一口一口优雅地品咂，要么说这个颜色搭配的如何如何，要么说那个口味咸了淡了、辣了苦了，要么说这个缺哪种营养元素，要么说那个能补充身体的什么微量营养元素，俨然一个个营养美食评论家，惹得饭店里的服务员见了他们都诚惶诚恐，生怕被他们又挑出什么毛病。

"今天怎么这么容易伺候了，怎么没点你喜欢的那道菜呢？"一个人笑问一个平时嘴最刁的人。

"都饿到这种程度了，先填饱肚子才是最重要的，哪里还有心情顾得上点喜欢的菜呀！"那人回答道。

原来，点菜和品菜只是大家肚皮不太饿时吃饭的一种享受，只是一点小情趣而已，与解除饥饿并没有多大的关系。就像生命一样，原本只需要一点本真的东西，比如饥饿时需要填饱肚子、寒冷时需要穿衣服保暖、瞌睡时需要一张床来睡觉等，至于那一道道色香味极其讲究的菜肴，那衣服的漂亮款式，那室内的装饰等，都不过是生命中的一点可有可无的点缀，并非生命的必需品。

生命原本就是非常简单的，它只需要一份简单舒适的生活，一点快乐和一点对抗无趣的小情趣，至于那些锦衣玉食、华屋高堂、香车美人，不过是生活的一种奢望，如果不能以平和简单的心态对待，它就变成了一种累赘、一种束缚，就像蜗牛的壳，背得越重，行得越慢。

而在生活中修行久了，你会发现，那些最有味道的生活往往就是最简单最平凡的，柴米油盐酱醋茶，每一抹生命的感动都融化在了这朴素之中。

花园里，一对幸福的老夫妇在接受记者的采访。老太太回忆道，她和老伴谈恋爱的时间是1967年元月，那时候，人们的日子过得很苦，粮店里的米，副食店里的肉、蛋、奶，百货店里的布匹、肥皂以及煤铺里的煤等生活物资均要凭票供应，普通人家的生活更是清苦至极。男方是当地城郊的一户普通的乡村人家，家里有一个小菜园，靠种菜为生。

经媒人介绍，女孩和男孩第一次见面，地点就在男方家，男方留她和介绍人吃中饭。菜很简单，只有两道：几个荷包蛋外加一碗萝卜丝。其中，鸡蛋是向邻居借的，萝卜则是男方家自己种的。

相亲完后，回家的路上，介绍人说男方人穷又小气，劝漂亮的女孩别嫁过来。女孩却说男方做的萝卜丝很好吃，这说明他很能干。过了一段时间，女孩独自一人再次来到男孩家。这天，男孩捉了一些鲫鱼，中午招待女孩的菜仍然是两道，一份是油煎鲫鱼，一份是红烧萝卜。吃饭时，女孩称赞男孩的手艺不错，萝卜做得很有特色，并说自己很喜欢吃萝卜。男孩微微一笑，喜不自禁地地说："是吗？那你下次来我请你吃其他口味的萝卜。"

在之后的交往中，女孩尝尽了男孩所制的不同口味的萝卜：清炖萝卜、糖醋萝卜、白焖萝卜、麻辣萝卜、萝卜干、酸萝卜等等。

再后来，女孩就成了这些"萝卜"的俘虏，嫁给了男孩。

当记者问老太太当时为何不嫁给那些有条件煮肉、炖鸡、烧鱼的男人，却嫁给只会烹饪萝卜的人时，老太太说："你想想看，一个男人在那样清贫的日子里竟能够把一种简单而普通的萝卜烹饪出酸甜苦辣咸淡等几种不同的口味来，而且味道鲜美，令我大饱口福、终生难忘。那么，这样的男人是不是也能够将清贫的日子调理得色彩斑斓呢？谈婚论嫁，不是光注重眼前，还要注重将来。如今我和老伴结婚都 30 多年了，但我们很少吵架，更不像其他人那样动不动就闹离婚。日子虽然过得平淡了一点，但我很知足！"

最普通不过的萝卜，却促成了老夫妇幸福的婚姻。所以，谁说平淡的生活就是婚姻的致命伤呢？谁说平淡的生活注定单调乏味呢？我们不应该抱怨婚姻中的平淡，只要用心，平平淡淡也能过得有滋有味。而且，平淡中我们也更能够体会到真爱，那才是幸福。

☕心灵茶社

懂得生活的人就会发现，其实在我们的日常生活中，愈是具有平常心的人，往往生活愈是幸福，而那些整日满腹牢骚、精于婚姻算计的人，反而苦恼无穷。

第九章

静观沧海，慢听时光

从容是一种境界

内心一旦失衡，心底的宁静就会在瞬间失去；脚步一旦不够从容，摇摆的选择就会丛生，从此你将再也找不到心灵的归宿。面对生活中的种种劫难，你的内心要有一把标尺，不做人云亦云没有自己灵魂的稻草人。

她从小是个乖孩子，学习刻苦，读书认真，会多种乐器，才艺俱佳，毕业后进入报社工作，是个拼命三郎，做了一年半的记者，一年半的编辑，就当上了部门的首席编辑。

一次，她做特刊做到凌晨两点，回家休息两个小时，四点起床，然后拖着行李，披星戴月赶到机场，乘坐早班飞机到泰国出差。还有一次，她刚从马来西亚出差回到办公室，行李箱还放在脚边，上司进来问："有个去可可西里的采访，谁有时间？""我去！"她跳起来，就这么愉快地决定了。这样突发性的决定和折腾，于她已是家常便饭。终于身体还是扛不住了，去医院检查时，她被诊断为急性膀胱炎。医生倒吸一口气，说："都到这份儿上了你才来，你真能忍啊！"她用微笑若无其事地回应。"她是一个靠精神活着的人。"这是她的同事给予她的评价。

进报社8年，一起进来的女同事一个个都已结婚生子。她们平时讨论的话题从风花雪月、八卦趣闻变成了家长里短、丈夫孩子、婆媳矛盾和买车买房等活生生的现实问题，而她的嘴中依然是大英博物馆和古巴雪茄。在她们看来，她成了"非主流"人物。

　　她们劝她走上"人间正道"，向她展开了轮番轰炸：早生孩子，否则高龄产妇会如何如何；用婚书拴住男人的身心，否则女人会如何如何；多买两套房子投资理财保值，否则如何如何。总之，她们认为那才是一条阳关大道，至于她自己的生活方式，在她们眼里，是一条独木桥，永远望不见阳光，看不到希望。

　　她们都不知道，她一直在试图用审美对抗功利，用趣味抵御平凡，她不相信人生只有一种可能性。

　　后来，由于过度疲劳和精神焦虑，她被诊断出一系列病症。待在医院的那段时间，她开始思考人生、工作的意义，最后她还是决定做自己喜欢的事情，无所谓取得成功或财富。将一件事情做好，无论是造原子弹还是卖茶叶蛋，对她都是花朵盛开，闪电绽放。

　　出院后她辞了职，出乎意料的是，领导批准她停薪留职半年，让她好好休养身体。于是，她开始了自己的欧洲之行。三个月后，大家都以为她身心休整好了，该继续上班了，可她却做出了一个令人大跌眼镜的决定：辞职。

　　辞职的原因源自她的一位朋友发来的一个活动链接：雅虎免费环球 80 天大赛。抱着试试看的心态，她报了名。初赛的要求不过是建立一个个人空间，贴自己写的游记、照片，这对她这样一位有着多年编辑本领的人来说，简直是小菜一碟。大赛历时两个月，她从 4 万余名选手中突破重围，进入复赛。又在复赛的体能、团队合作、语言能力和应变能力考察中脱颖而出，成为参加大赛的一名优秀选手。

　　在此之前，她被工作中的各种烦事所扰，这一次，她终于从容地做了一回自己。

生活中，我们太容易被身边的各种信息同化，渐渐地，我们丧失了做自己的勇气，走上了别人所说的"阳关大道"，追逐着别人以为的成功，变成了同别人有着相同人生轨迹的人。我们开始抱怨生活的艰难，抱怨自己的运气太差，抱怨自己干着最不起色的工作，拿着最少的薪水，乘坐最拥挤的交通工具，用着最普通的通信工具，住在最简陋的居所里。

然而，当你在抱怨这些的时候，你是否想过，为什么所有最差的东西都让你赶上了呢？其实，如果静下来仔细想想，你就会发现，并不是因为生活太过艰难，而是因为我们的脚步不够从容。

有位外企供职的银行职员在自己的博客中这样写道："我们总是处于人群之中，在喧闹中听不到自己的脚步声。我们总是被家人、朋友所围绕，耳边也总充斥着噪声、喧哗，忍受着繁忙的工作与家庭琐事的无穷折磨。我们每天的精神都绷得紧紧的，得不到一丝喘息的机会，这让我们的生命失去了其原有的光彩。"恐怕这就是现代人生活最真实的写照了，不停地忙碌、应酬，最后得到的却并不是自己想要的。

为此，我们是不是应该放慢一下自己的脚步呢？为什么不用有限的时间去好好享受生命的精彩呢？为什么要听从外界的喧嚣，不让自己的心灵回归平静呢？毕竟人的这一生，要自己把握。

有四个青年，在二十岁的这一天他们同时走进了一家银行贷款，银行行长答应贷给他们每人一笔巨款，但一定要在五十年内还清。

四个青年拿到这笔贷款后，他们分别是这样支配的：

第一个青年先用这笔贷款玩了二十五年，在接下来的二十五年里拼命工作，来偿还银行的贷款。结果，他活到了七十岁，依然负债累累，毫无作为。他的名字叫"懒惰"。

第二个青年用前十二年拼命地打工，在五十岁的时候还清了银行的贷款，但也就在那一天他累倒了。不仅之后，他就病死了，他的墓碑上写着他的名字"狂热"。

第三个青年在七十岁的时候还清了银行的贷款，但是，没过几天他也离开了人世，他的死亡通知书上写着他的名字，叫作"执著"。

第四个青年，拿到贷款后，不慌不忙地工作了四十年，六十岁的时候他还清了银行的贷款。他在生命最后的十年里成为一名旅行家，几乎走遍了世界上所有的国家。当他七十岁离开人世时，仍然面带微笑，人们至今都记得他的名字"从容"。

拥有一颗从容安静的心，总比那些忙着赚钱为生的人更能够体会到生命的精彩。所以千万不要苦了身体，累了心灵。

☕ 心灵茶社

你听从别人的召唤，走所谓的"阳关大道"，自然要受其中的苦；你听从自己心灵的召唤，从容地过自己的人生，自然能体验到个人生命的精彩。

学会享受"闭眼时光"

现实生活中，有些事情是让人无法忍受的，有些人喜欢为这些事情斤斤计较，认死理，因此会对人生挑剔。做人是一门甚至用毕生精力也未必能洞察因果的学问，很多人不甘寂寞去究其原因，然而，人生的复杂性是人们无法在有限的时间内洞明的，如果太较真儿就会被生活所累，我们不妨睁一只眼，闭一只眼。

为人处世，应该经常以"难得糊涂"来自勉，求同存异就会有很多朋友，做事情容易如愿。相反，凡事斤斤计较，眼睛里容不得半粒沙子，什么鸡毛蒜皮的小事都要明察秋毫，别人就会躲你远远的，最后，你只能做一个孤家寡人。古今中外，凡是能成就大事者都有一种优秀的品质，那就是容人所不能容，忍人所不能忍，善于求大同存小异，豁达而不拘小节，不斤斤计较，会使自己成为不平凡的人物。

人生短暂而宝贵，要做的事情很多，我们应该"睁一只眼，闭一只眼"，凡事适可而止，不可太在意，不让不顺心的事情烦着自己。

> 法国有一位农业家，在德国的时候吃过土豆，于是很想把那种美味的食物推广到法国，但是他越下大功夫宣传土豆，别人就越不相信他。医生认为土豆对人的健康是有害的，有的农业家认为种植土豆会让土壤变得贫瘠，很多人把土豆称之为"鬼苹果"，于是他的想法得不到大家的认可。

> 农业家陷入了深深的思考，过了一段时间，他终于想出了一个好主意。他把自己的想法告诉了国王，国王觉得他的想法还不错，就给了他低产田，让他栽培土豆，并派了一小支卫兵看守，声称不让任何人接近那块低产田。

> 那些卫兵白天都在低产田把守，到了夜里就全部撤走了，有些人觉得土豆很神秘，就趁卫兵不在的时候去挖土豆，并把它栽到自己家的园子里，就这样，没过多久，土豆种植便在法国推广开了。

农业家这个推广土豆种植的方法获得了成功，得益于情境的巧妙运用。直接说土豆好，没有人会相信，但是由皇家种植，并派兵把守，就让大家觉得土豆是很贵重的物品，因此诱发了人们的占有欲，自己栽培后觉得土豆真的很好，就接受了这个物种。这个主意就是利用了人们的好奇心，"睁一只眼，闭一只眼"，创造了一个让人接触土豆的契机。

生活也是一样，每个人都有自己的缺点和不足，不管别人多么优秀，都无法让我们满意，我们会嫌弃、厌恶别人，如果我们闭上一只眼睛，以宽容的心去看待别人的缺点和不足，就会给自己一份轻松，生活也由此变得美好多了。

闭上一只眼就是宽容，就能把别人的缺点和不足给忽略不计了，这样就能"润滑"人际关系。有意识地不去看别人的不足，不去斤斤计较，生活中就没有那么多鸡毛蒜皮的是是非非。人生难得糊涂，有时候斤斤计较看起来很精明，但是这种精明得不到什么好处，反而使自己在交际中更加为难。"睁一只眼，闭一只眼"的人却能众望所归，得到大家的支持，使自己在生活和工作中如鱼得水，获得事业的成功。

现实生活中，人要能高能低，俗话说："水至清则无鱼，人至察则无友。"我们应该把目标放在大事上面，对待小事不能太过较真儿。有的人要求自己事事认真，做事的时候从来不懂得拐弯抹角，不懂得"睁一只眼，闭一只眼"，这样的人经常把事情办得很糟糕。其实"睁一只眼，闭一只眼"就是教人学会舍小利而图大善。

一个人每一天都要遇到很多或大或小的事情，生活中出现矛盾也是不可避免的，如果什么事儿都斤斤计较，不仅自寻烦恼，还会让别人厌恶。事情没有做好，人也没有做好，只会给自己带来更多的麻烦，所以做人要"睁一只眼，闭一只眼"。

"睁一只眼，闭一只眼"是有一定技巧的，要掌握它的技巧，要做到以下几点：

一、人际交往中，应该心胸开阔一些，争取大事化小、小事化了，如果与别人出现意见不统一的情况时，争论不出高低就要停止争论，没有大原则问题的事情就不必弄个清楚。

二、不要凡事都较真儿，有些事情太较真儿会给自己带来很多麻烦，相反，你得过且过，或许能得到一个令你非常满意的结果。

三、有时候把话说得过于明白反而起不到很好的效果，说得含糊一点却能收到更好的效果。现实生活中，也许我们会碰到一些不愿回答但是又必须回答的时候，此时我们应该采取"睁一只眼，闭一只眼"，用含糊的语言进行回答，这样就会给别人一个"台阶"下，双方皆大欢喜。

四、人生不可能事事顺利，如果遇到令自己非常难受的情境时，我们不要斤斤计较，暂时吃点小亏并没有什么大不了的，做出退却的姿态能更好地保护自己。

如果工作中总是把事情分得清清楚楚，这是谁的工作，那是谁的工作，自己多做一点就会感觉吃亏了，就会把人际关系搞得很糟，其实，有些事情只是自己的举手之劳，自己多做点，别人会感谢你，何乐而不为呢？

人都是会犯错误的，如果斤斤计较地揪着别人的过错而洋洋得意时，自己被别人责难的日子也就不远了。今天你包容别人，它日别人一定会照顾你，这是人生哲学。

☕ 心灵茶社

斤斤计较的人确实能占到不少"便宜"，但也会使别人对你加以防范，从而使你寸步难行。"睁一只眼，闭一只眼"的人却能做到很有人缘，让一些事情得过且过，在为他人行方便的同时，也会给自己落个好心情，还会得到别人的尊敬。

沙漏哲学：一次只流一粒沙

在工作中，我们经常会遇到很多工作堆在一起的时候，忙碌和压力往往使人烦恼，不知先处理哪一样才好。更糟糕的是，工作中还夹杂着一些生活的琐事，让我们更加忧愁烦闷，找不到解决和处理的通道。

有一位画家，举办过十几次个人画展。在画展中，无论前来参观的人有多少，他的脸上总是挂着微笑。有时候，会有人好奇地问他："来看画的人那么少，你为什么每天都还这么开心呢？"画家没有直接回答，而是给他讲了这样一件事情：

在我很小的时候，我的兴趣并不是只在绘画领域，那时候我的兴趣非常广泛，我喜欢绘画、游泳、打篮球和拉手风琴，当然，那时候的我也非常要强，必须事事都得第一才行。很显然，这是不可能的。即使我非常努力，也很难保证所有的项目都能得"优"，于是，我心灰意冷，学习成绩一落千丈。

我的父亲知道后，并没有责怪我，而是找来一个漏斗和一捧玉米种子。他让我双手摊开，将漏斗放在我的手上，让我用双手接着，然后他捡起一粒玉米种子投到漏斗里面，玉米种子便顺着漏斗滑到了我的手里。父亲连续投了十几次，我的手中也就有了十几粒种子。这时候，父亲不再往漏斗里一粒一粒地投种子了，而是一次性抓起满满的一把玉米粒放在漏斗里面，此时，所有的玉米粒相互挤着，竟一粒也没有掉下来。

看我目瞪口呆的样子，父亲意味深长对我说："这个漏斗代表你，假如你每天都能做好一点事情，每天你就会有一粒种子的收获和快乐。可是，当你想把所有的事情都挤到一起来做，反而连一粒种子也收获不到了。"

每个人的精力和心力都是有限的，当你想同时将很多事情处理好的时候，往往是每件事都不能很用心用力，反而不能做好，你将身心疲惫，一无所获。所以最好的办法是，无论事情有多少，都要一件一件地处理；更重要的是，要分清事情的主次和轻重缓急，一次坚持将一件事做好。

做事如此，处理压力也是如此。既然压力是一点一滴累积而来的，那么就让它一点一滴地消解。我们不妨将生活看作一个沙漏，沙漏的上半部分永远有成千上万颗细沙，它们在流经生活那道狭窄的细缝时，永远都是缓慢、均匀、有限度的。除非你将这个沙漏破坏掉，否则它是无法承载许多沙子同时快速通过窄缝，一下子完成"漏程"的。

所以，当你感觉自己被生活的重压压得喘不过气来时，请不要过于忧虑，而应集中精力，一件一件地去化解。如果我们调整好时间表的先后顺序按部就班地去做，那原来的压力反而会成为推进你前行的助力了。

第二次世界大战期间，有一种特殊的工作岗位，是马不停蹄地整理在战争中死伤和失踪者的最新纪录，有一位名叫史密斯的军人就在从事着这样一份工作。来自前线的情报接踵而来，史密斯必须分秒必争地处理，因为他非常明白，一丁点儿的小错误都可能会造成难以弥补的后果。在岗位上，史密斯的心始终悬在半空中，小心翼翼地避免出现任何差错。在不断叠加的压力和疲劳的袭击之下，史密斯患了结肠痉挛症。

身体上的病痛使他更加忧愁，他担心自己会因病痛倒下，又担心自己是否能撑到战争结束活着回去见到家人。在身心的双重煎熬下，史密斯终于体力不支倒地，被送进医院。

帮他看病的军医通过仔细问询，终于了解了他的所有情况，然后语重心长地对他说："史密斯先生，看来你的身体并无大碍，真正的问题是出在你的心里。"

"嗯？医生您的意思是说我还有救？"心酸之余，史密斯又对生命燃起一缕希望。

军医接着说道，"当然有救，我只是希望你把自己的生命想象成一个沙漏，请适度使用，杜绝过度折磨。你想象有这样一个沙漏，它的上半部分存有成千上万的沙子，这些沙子都在拼命地向前挣扎，都想第一个流过中间那条细缝。但这显然是不可能实现的，除了弄坏它，你跟我都没办法让更多沙粒同时通过那条窄缝。人也是一样，每一个人都像是一个沙漏，从出生那天起，每天都要完成一大堆的工作，但是工作再多，我们也只能一次一件地慢慢来，否则我们的精神绝对承受不了。"

医生的忠告使史密斯深受启发。从那以后，他一直奉行着这种"沙漏哲学"，即使成千上万的数据同时向他涌来，他也不会手忙脚乱，而是总能沉着应对。因为他在心里默默告诫自己说："一次只流过一粒沙子，一次只做一件工作。"

没过多久，史密斯的身体便恢复正常了，同时，他也学会如何从容不迫地面对自己的工作了。

如今，我们被越来越多的各种压力所困扰，压力让我们情绪偏激、焦躁不安、记忆力衰退、睡眠紊乱……健康状况江河日下。面对生活、工作的重重压力，我们应该学会用"沙漏哲学"来应对。人生在世，每个人都有属于自己的担当，既然躲避不了压力，就该学会调节心灵旋钮，主动拥抱压力，从容迎接各种挑战。

心灵茶社

高负荷的劳作只会让自己愈忙愈乱，唯有静下心来，有条不紊，各个击破，才能在繁忙的生活中有所收获。

生活是场华尔兹

某段时期，经济形势持续低迷，H公司的经济效益连续两个月呈下滑趋势。在一次办公会议上，董事长周女士向全体员工作了激励性的讲话，保证自己将以身作则，坚持每天早到迟退，率领大家齐头奋进，共同扭转公司的颓势。

谁知，第二天早上，周女士因为训斥不听话的儿子而耽误了上班时间。上班途中，为了履行自己昨天的承诺，她超速开车，闯了两个红灯，被警察扣了驾驶执照。

费尽周折赶到公司后，她的怒气未消，在去办公室的路上，恰与部门经理撞个正着。部门经理向她汇报完工作后，她不带好气地问部门经理上周的那项工程敲定没有？部门经理实话实说"还没有"，这时，周女士所有的怒气似乎找到了一个释放点，她吼道："我已经付给你五年薪水了，现在市场这么不景气，好不容易接一个大单，却被你弄吹了，你们是怎么干活的？我命令你想尽一切办法把这单生意追回来，如果追不回来，你明天就不用来上班了。"

周女士的这一连串经历像过山车似的，一一发生，待她静下心来，才发现自己好像做错了许多事情。怎么会这样呢？这一切其实都是内心着急的作用。由于急于求成的心理使然，人们总会在不经意间生出不良情绪，做出不良选择。

不知从何时起，我们已经陷入高速旋转的都市生活中不能自拔，快节奏已经成为不可抗拒的生活主旋律。我们的生活像高速路上行驶的汽车一样，快速奔忙着，我们没有时间沉淀自己，没有时间反思，没有时间喝茶，没有时间看书，甚至都没有时间静倚长椅欣赏一下夕阳中的美景，站在窗外呼吸一下新鲜空气。

世界如此美好，我们却如此暴躁。当我们的生活字典被世俗的尘埃笼罩时，当我们被世间纷扰繁杂扭曲得面目全非时，我们可曾平静、安然地对待过生活呢？

人们都以为，快才有效率，快才能致富，快才能体验到快感。但试想，你匆匆忙忙地吃完一顿饭，或者猛地干掉一杯酒，其中的滋味都没品出来时，你会觉得生活是幸福的吗？

所以，无欲的生命是安静的，唯有安静，才能静享内心中的蓬勃与丰富，才能宁静致远。慢也自有一种力量，就像太极一样，以柔克刚。

她叫美静，像她的名字一样美丽又安静。她说话时语速总是慢慢的，音量总是轻柔的，但很能说到人的心坎上去，也许你都不知道什么时候就被她吸引了。

她有一份稳定的职业，她的业绩说不上骄人，但无可挑剔。她有一个快乐幸福的家庭，丈夫虽然是一个普通人，日子过得波澜不惊，却也舒服惬意，因为他们经常旅行，经常一家人幸福团圆在一起。她每天都做健美操，每天都要午睡，生活很有规律。在单位，她从不美慕和嫉妒那些比她优秀厉害的同事，也从不鄙薄业绩很差的同事，只对势利小人冷眼旁观。她是一个心明如镜、绝顶聪明的人。

当你和她在一起聊天时，你会发现她有很多自己的见解，从不随波逐流，人云亦云。她从来不会把自己逼得太紧，所以从来不去美慕那些"拼命三郎"，她觉得拿身体去换人生价值的做法非常不靠谱。所以，与周围那些拼尽全力、挤破了头想活得潇洒的人想比，你会发现，原来她不紧不慢，却已经活得足够潇洒超然。

而她的这种天然的"不争"生活方式，其实源于小时候的一段经历。读初中时，她的体质非常弱，经常生病请假，任何体育运动都没法参加，即使跑个百米，她也会气喘个不停。而她又是那种非常争强好胜的人，偶尔有一门功课没考好，她都会自责半天。

她的父亲非常关心她，但从不溺爱她，只是平和地对她说："以你的条件，你不必追求优秀，你只要做到良好就非常不错了。"她非常听父亲的说，记着他的谆谆教诲，所以不再那么争强好胜，只是将每门功课都拿到良好即可。这样一来，由于心态保持的好，她的体质很快也恢复到了良好的状态。高中毕业时，她给自己的定位只是一所普通的大学，所以平时看起来没有其他同学那么大的压力，结果高考时发挥良好，顺利进了一所重点大学。毕业后，她没有留在大城市，只在家乡选择了与专业对口的单位，这样一来也方便照顾父母。

她娓娓道来，像她不急不躁地构筑自己的人生一样。

而当一个人的品行、事业、爱情、心境乃至体格，都能达到良好时，你能说那样的人生不够优秀吗？

追求成功可以，但不要把自己搞得太累，一切随心而行，随缘而遇，这就是最好的人生状态。人们都说，娱乐圈是一个名利场，身在其中难免被名利所累，但总有一些明星，他们不会刻意地迎合大众，不会急功近利地寻求大红大紫，然而这样，他们反而更受到大众的喜爱。

陈坤说："我真的希望自己有一天成为一个很棒的演员，如果那一天我等不到，我也不遗憾。至少我会对自己说，陈坤，你尊重你自己了。你不是一个获得名利和物质的工具。"他喜欢慢生活，他认为"慢生活是一场华尔兹"，所以他会适当地和这个世界保持一定的距离，让自己的内心慢下来，让自己的世界稍微沉静一些，从而知道自己想要什么，让自己找到更多的生活可能性。

反观我们，为什么一定要迫切地去追求成功呢？为什么不能慢下来，享受一切呢？

心灵茶社

这是一个速成速用的"快餐年代"，一切都太匆忙了，以至于我们会错过和忽略很多东西。人与人之间也是如此，用眼神的交流替代语言的"狂轰滥炸"，不更能体会无限的情愫和韵味吗？慢下来，让生活更加舒适，让情感更加浓厚。

耐心静待一朵花开

狂风中，那些健壮的树木总会悠悠地俯下身子，躲闪狂风肆虐。你以为那是它对狂风的逆来顺受？不是，那是它面对困境的从容以对，是在小心积蓄爆发的力量；岩石下，一株小草颤巍巍地伸展着柔弱的身躯，轻轻地触摸试探，你能说那是脆弱生命的无力挣扎吗？不能，那是静待突破的涌泉，那是一种生命力量的生生不息。

世间万物，唯有真正的强者懂得收心敛性，柔情示人。静下心来，耐下性来，是为了蓄积力量，捕捉每一次利于成长的机会；着急忙慌，顶风而上，就像那拔苗助长的农夫，定会永久失去那一季的收成；惶急迷乱，急不择路，定会找不到心之归处。眼神空茫，心如散沙，也就丧失了问鼎光明的信念。

小和尚在花园里种下了一粒花种，心中满怀期待，为了能看到自己的花苗长大，他每天都会跑过去看好几次。对此他的师父全看在眼里，有一次，他又看到小和尚跑过去看花苗，便跟了过去。小和尚见师父过来，便问道："师父，小花苗怎么还不长大呢？"

师父回答道："任何事物都不能要求它速成，只有能经历风雨的东西，才能变得更加强大。"

小和尚显得有些失望，问道："这是为什么啊？"

师父说："我给你讲一个佛经上的故事吧。从前有一个愚痴的皇帝，皇后为他生了个女儿，他见女儿总也长不大，就十分着急，于是要求文武百官们想办法让公主快些长大。大臣们各个都犯了难，此时，一位官员说可以带公主到名山上求取仙药，但条件是，在求仙期间，皇帝和公主不能相见。皇帝答应了，过了十几年，这位官员带着公主回到了皇宫。皇帝一看，公主果真出落得亭亭玉立了，心中大喜，于是重赏这位官员。"

小和尚听完大笑道："皇帝真傻，这世上哪有助长的灵丹妙药啊，公主还是和其他人一样，日复一日慢慢长大的啊。"

师父见小和尚已经知晓了道理，便微笑地说道："是啊，任何事物都有其既定规律，所以做事不能急于求成，要经得起等待和考验，要按部就班，循序渐进，一步一个脚印，日后才能有所作为。小花苗也是如此，同样要经过长时间的成长，才能长得好。"

师父所言极是，工作又何尝不是如此呢？有的人才工作两三年，就希望晋升到管理层等高位，或者希望薪资能达到心中的某个数值，一旦公司不能满足他的要求，他就开始大肆抱怨，或者跳槽到更好的公司去。这不就像那个愚痴的皇帝一样吗——无理要求公主瞬间长大。

正所谓"心急吃不了热豆腐"，所以，"跳槽"还需理性分析和对待，要以实实在在的心态面对生活，急功近利或好高骛远都会让你失去想要的东西。我们只有忍住一颗虚妄、急进的心，才能获得心灵的平和。这样即使在"跳槽"时，也能取得自己想要的实实在在的东西。

昌泰公司是某大都市一家小有名气的中外合资公司，前来求职的人如过江之鲫。然而，这家公司的用人条件非常苛刻，有幸被录用的比例很小。

他叫东琦，某名牌大学的毕业生，他很早就开始关注这家公司了，一毕业他就向这家公司投简历，想要进入该公司。而且，为了确保被公司录用，他还给公司总经理寄去一封短笺。令他感到欣喜的是，他很快就被录用了。如果你认为是他的诚意打动了这家公司的老总的话，你就大错特错了，原来打动该公司老总的是他那特别的求职条件——请求随便给他安排一份工作，无论多苦多累，他只拿做同样工作的其他员工薪资的五分之四，且保证工作做得只能比别人优秀，不能比别人差。

这不是年少轻狂，他的确做到了。进入公司后，他干得相当出色，令人刮目相看，公司总经理还主动提出给他加薪，而他却始终坚持最初的承诺，仍旧比其他员工少拿五分之一的薪水。

后来，因总公司决策失误，领导层不得不决定裁减部分员工，很多员工因此无奈地下岗了。而东琦非但没有失业，反而被提升为部门经理。上任后，他仍主动提出少拿五分之一的薪水，且保证工作依然兢兢业业，于是，他就这样做着公司业绩最突出的部门经理。

两年后，公司准备给能力出众的他升职，并明确表示不让他再少拿一分薪水，还允诺给他相当诱人的奖金。面对如此优厚的待遇，他没有动心，反而出人意料地提出了辞职，转而加盟了另一家各方面条件均很一般的公司。

不久，他就凭着出众的领导能力和经营能力，赢得了新加盟公司上下一致的夸赞，被推选为该公司的执行总监，当之无愧地拿到了一份远远高于"老东家"许诺的报酬。

当有人追问他成功的秘诀时，他微笑道："表面看来，我当时少拿了一些薪水，但实际上我并没有少拿一分的薪水，我只不过是先付了一点儿学费而已，我今天的成功，很大程度上取决于在那家公司里学到的经验……"

哦，原来如此！这么做是为了增加知识广度和见识，增强工作经验。东琦的故事告诉我们人生前期要学会等待、忍耐和蛰伏，当你积累了足够的能量时，就是你冲锋陷阵的时候。

☕ 心灵茶社

没有沉淀和积累，就想一夜成名，那只是做梦者的呓语。人生必须要经历一个不断学习的过程，天下永远没有免费的午餐，谁也不能随随便便成功。人生路上，学会拒绝一些"小甜头"，才能尝到最后的"大甜头"，才能笑到最后。脚踏实地地对待每一天吧！

放慢脚步，享受生活

周国平在散文集《风中的纸屑》一书中写道："世上有味之事，包括诗，酒，哲学，爱情，往往无用。吟无用之诗，醉无用之酒，读无用之书，钟无用之情，终于成一无用之人，却因此活得有滋有味。"

他这话的意思是说，一个人因为热爱诗、酒、哲学、爱情这些看似没有实际作用的事物，最后成了一个看似没有价值的人，然而，这样的人生却是有滋有味的。而另一方面，如果一个人只钟情于工作，只拼命地将精力用在工作上，而忽略那些平素有趣味的事情，那么这个人的一生恐怕是要白过了，因为他的人生获得的趣味实在太少。

所以，要想使自己的人生活得充实，就要学会把握工作与生活之间的平衡，既要努力工作，在工作中获得人生价值，又要懂得生活，在生活中品味世间趣味。

要想同时获得"富足"和"趣味"这两项充盈人生的"宝物"，最重要的是要培养良好的生活习惯。习惯的力量是强大的，一种好的习惯能够改变人的一生。为什么这么说呢？

一天，一个体弱多病的富翁和一个健康但穷困的汉子邂逅了。两人相互羡慕对方身上的优点，富翁希望得到穷汉身上的健康，并愿意用他的财富换取；穷汉希望得到富翁身上的财富，并愿意用健康换取。

但是怎么换呢？一天，他们听说一位医坛怪杰发现了人脑的交换方法，便过去一试。医生给他们做了人脑交换手术。手术获得成功，富翁变成了穷汉，但得到了健康的身体；穷汉变得富有，但终日病魔缠身。

但即便是做了人脑交换手术，富翁仍然有着成功意识，不久，虽然变成了穷汉但有着强健的体魄和成功的意识，富翁渐渐地又积累起了财富。但同时，他总是担忧自己的健康，只要身体出现一点不舒服就大惊小怪。在这样的担惊受怕中，久而久之，他那极好的身体又回到原来多病的状态，或者说，他又变成了从前那个体弱的富翁。

那么，再说那个穷汉，他虽然有了钱，但身体大不如从前。而且，他看起来总是不自信，时刻有着失败的意识。他不愿意用换脑得来的钱，去过一种全新的生活，而是不断地把钱浪费挥霍掉，在他的不理性消费下，口袋里的钱逐渐被他挥霍殆尽了，他又变成了原来的穷汉。然而，由于他不用动脑思考，整天悠闲自在，很快，身上的疾病也不知不觉地消失了，他又像以前那样有了一副健康的身体。

显然，到最后，两人又都恢复了原来的模样，富翁仍然是富翁，但是依然体弱，穷汉依然是穷汉，但身体依然康健。

这个故事告诉我们，"健康"和"富足"都是习惯的产物。为了让自己有一个健康的体魄和一份富足的生活，我们必须学会培养良好的生活习惯。

什么才是良好的生活习惯呢？那就是要做到劳逸结合，量力而行，使人体达到劳动和安逸的平衡状态。平衡是生活和谐的标志，也是身体健康的基石。

要想达到这种平衡，就需要在工作之余保持内心的宁静，过一种"静生活"。只有静下心来，驱除杂念，无私无欲，"元气"才能自行畅通，流经百脉。"静生活"不是强调人生无为，而是让人们在动荡不安的生活中找到平衡，只有"静生活"才能平衡极端动态的生活，才是提高生命质量的最优方案。

俗话说："腾不出时间休息的人，迟早会腾出时间生病。"这句话也说明，必须要学会处理工作与生活之间的平衡。现实生活中，许多人喜欢拼命工作，然后去拼命地玩，这其实并不是健康的生活方式。

著名作家、诺贝尔文学奖提名候选人米兰·昆德拉说："事业成功而又健康的关键，是每周一小休，每月一中休，每年一大休。"工作很重要，休息也是必不可少的。如今人们的生活节奏太快，适时停下来，静下来，让自己不至于太辛苦，才是最佳的生活之道。

中国当代著名作家路遥曾写出伟大的长篇小说《平凡的世界》，但不幸的是，他英年早逝，于1992年积劳成疾，在写完《平凡的世界》第三部后不久因肝癌去世，年仅43岁。作家贾平凹称："他是一个优秀的作家，他是一个出色的政治家，他是一个气势磅礴的人。但他是夸父，倒在干渴的路上……他是一个强人。强人的身上有他比一般人的优秀处，也有被一般人不可理解处。他大气，也霸道，他痛快豪爽，也使劲用狠，他让你尊敬也让你畏惧，他关心别人，却隐瞒自己的病情，他刚强自负不能容忍居于人后。"

正是那种用生命创作而不知疲倦的生活状态，最终打乱了他的身体节奏，使他一步步倒下。如果路遥懂得劳逸结合，在写作与生活之间找到平衡，那么他一定还能为这不平凡的世界写下新的巨著。

因此，在生活节奏飞速发展的今天，我们更要学会静下心来思考一下"什么才是人生的真谛"，千万不要让自己的生命荒芜在无尽的劳作中。

要合理地安排作息时间，避免大脑无限制的透支；要保证合理的营养供应，养成良好的饮食习惯；要改正或防止吸烟、酗酒、沉溺于电子游戏等不良的生活习惯；要在繁忙的工作之余抽出时间去享受温暖的阳光，去耐心观察一朵鲜花的盛开，去倾心感受一阵微风的轻拂，去放松自己体会闲暇的时光。

"时间就像牙膏，挤挤总还是有的"，但这挤出来的时间不仅是用来工作的，还要用于休息，千万不要将健康抵押给时间和压力。

心灵茶社

真正的人生不是强调人生无为，也不是刻意地追求人生价值的最大化，而是正确处理健康与富足两者的平衡。所以，我们需要静下心来，提醒自己，放慢疾走的脚步，学会平衡，努力做到工作忙，不忙心；生活动，不动心。

第十章

让自己快乐，是件最伟大的事

别拿旧错折磨自己

生活中，很多人喜欢拿昨天的错误折磨自己，哪怕只是做了一点毫不起眼的错事，他们也会深深地自我检讨。即便有些事已经过去很多年，还是会在他的脑海中浮现，一旦想起就陷入自责。

> 小王是一家公司的销售员，有一次，他和销售经理一起去会见一个比较大的经销商，双方经过很长时间的谈判，针对一直存在的问题达成了新的协议，圆满完成了公司交给他们的艰巨任务。在回来的路上，小王见销售经理神色不错，随口讲了一个笑话，销售经理听后只是冷冷笑了一声。小王一下子沮丧了起来，"经理会不会觉得我很可笑？""我怎么会这样呢？""经理以后不会对我有成见吧？"……刚才的所有喜悦之情一下子又变得无影无踪，他越想情绪越低落。

这种过于自责的心态是怎么形成的呢？几乎每个人小时候都会因为犯错误而被父母责骂过。有的时候，父母在责骂孩子的时候不会把人和事本身区分开，比如，他们会说："你看，吃饭时不好好端碗，又摔碎了，真是个坏孩子。"如此一来，在孩子心里，会把事件本身和自己的价值联系在一起，觉得自己犯了错误就没有自身价值了。也许父母并没有这样讲，但是孩子会非常敏感，能够认识到自己犯的错给别人带来的伤害，于是就会开始自责。像这样的孩子，等到他长大以后，就会希望自己所做的事都近乎完美，容不得有任何瑕疵。

纠结在"昨天"的错误中会使人感觉非常痛苦，它意味着自责的人要时时刻刻都和自己做敌人，不断地找出自己的不足来进行批驳，陷入这种内心的冲突时，就会固执地把自己的精力用在和自己精神斗争上，长此一来，就会因为害怕犯错而变得缩手缩脚。

要想不再忍受痛苦的煎熬，消除自责心态，就要做到以下几点：

1. 为自己的错误找到更多原因

不要出了错就努力在自己身上找原因。比如，案例中小王的笑话没有引起销售经理的反应，也许是销售经理听错了，或者销售经理根本没有听清，也可能是销售经理本人没有幽默感。如果小王多从经理身上找原因，肯定能找到原因说服自己，就不会把所有的原因都放在自己身上了。

2. 容忍自己做事不完美

每个人都有不擅长的地方，都会犯错误，多给自己时间去学习就好了。要把整个人生看作是一个过程，多和自己比较，不要总拿自己和别人比较，只要今天比昨天有进步，明天比今天会更好，也就说明自己是成功的。即便在一段时间内表现都不好，也不要和别人比有多少差距，一切都没多大关系，因为学习不是一朝一夕就会见成效的。

3. 把事情和自身价值区分开

不要做不好事就感觉自己没有价值，要时常告诉自己，虽然事情没办好，但是自己办事的动机是好的，并且自己也尽了最大的努力去做，只是能力有限没有达到自己期望的目标而已。

一位年轻的家庭妇女，多日茶不思饭不想，体质变得越来越差，整个人瘦得一阵大风就能吹走。

她找到当地一位著名的老中医，老中医为她把过脉，问道：

"你只是体内有虚火，并没有什么大病。你是不是有很多苦恼的事憋在心里？"

这位家庭妇女一听说自己没有大病，心里松了一口气，便把压在自己心头的烦恼事——说给老中医听。

老中医听罢她的诉说，就问："说真心话，丈夫对你的感情怎么样？"

家庭妇女脸上马上露出喜悦的表情，很高兴地说："我丈夫很疼爱我。"

老中医又接着问："你们有孩子没有？"

家庭妇女眼里有了光彩，说："我们有一个女儿，她长得很漂亮，也很乖巧。"

老中医一边问一边记下她的回答，然后把满满三页纸文字递给家庭妇女看，其中一张记着她诉说的烦恼事，另外两张记着让她感觉很开心很幸福的事。

老中医对家庭妇女说："这三张纸上写的就是我给你开的病历，你把苦恼事记着了，忽视了身边的快乐。"

说完，老中医喊来一位徒弟，让他取来一盆清水和一瓶墨汁，把少量墨汁倒入清水中，只见墨汁在水中慢慢散开，很快就和水溶解在一起。老中医语重心长地说："墨汁入水，味则变淡。人生何不如此？人生也是这个道理。"

在生活中，不是痛苦的事情多得让我们无法承受，而是我们痛苦的时候，不善于用快乐之水去稀释痛苦。其实，当我们被痛苦包围而默默流泪的时候，快乐就在身边朝我们微笑，只不过是自己没有发现。

我们应该懂得一个道理：并非自己不能忘记痛苦的事，而是自己不愿意去忘记。犯了错误或者生活不如意的时候，大多数人会放任的去追寻过去的点点滴滴，不断把痛苦放大，这些徒劳的惋惜和自责只能让伤口越来越难以愈合。

如果意识到自己对过去的事念念不忘，是自己心里不愿意去忘记，而不是不想忘记，那么你就是一个弱者。不愿走出自责的阴霾，一直生活在痛苦之中，也许只想这样来博得别人的同情和支持，哪怕自己生活懈怠，甚至堕落，也宁愿把自己扮成一个弱者，那你就得承认，自己的痛苦完全是咎由自取。

在这个时候，如果你自己稍微转换一下思想，把追寻过去的脚步略微向后退一小步，你就会惊奇地发现，自己周围的世界是很宽阔的，这个世界并不会因为你自己的一点小小的不幸而发生丝毫的改变。

☕心灵茶社

我们不应该拿昨天的错误折磨自己，要学会多找客观原因。其实，人在一定的情况下，体验自己过去的固有生活并不是一件坏事，证明这个人的情感是真挚的。当我们很自责，陷入痛苦的时候，要对自己的情感有意识地加以抑制，让自己不再承受更多痛苦。

家是快乐的"避风港"

人与人之间交流的基础是感情，对于不同类型的人，我们要用不同的感情去对待，在实际的交往中，我们也会把这种感情在交流中或隐或现地展现出来。在与人的沟通交流中付出自己的爱，那样就会得到他人对自己付出的爱，我们就会有个好心情，有了好心情，就能冲淡生活中烦心事带来的痛苦，有利于身心健康。

很多时候，我们与同事交流的时候，除了闲聊之外，更多是在抱怨工作中的烦心事，自己的亲人、老板、同事、客户，似乎所有的人总是有那么多不顺心的东西在影响自己的心情，让自己无心做事，甚至厌恶自己的生活和所从事的工作。

我们对自己的工作已经产生厌恶，但是又不能放弃，重新找个自己喜欢的工作，总有很多棘手的问题成为我们的羁绊，让我们无从选择自己想要的生活。但其实，只要我们带着好心情看待这一切，就会发现事情并没有我们想象的那么糟糕。

当我们抱怨自己的烦心事的时候，就会有一种想逃避的冲动，但是仔细一想，自己爱着自己的工作，只是被工作中的琐事和世俗的东西所累。既然如此，何不给自己的工作一个微笑，让工作显得轻松些，让自己以快乐的心境去做事呢？那样，就不会有那么多的烦恼和痛苦。

每个人都需要用健康的情绪和积极的心态支撑自己的思维和行为，有时候，必要的宣泄能缓解烦恼情绪，避免我们陷入烦恼中不能自拔，从而做事不受负面情绪的影响。这个世界上的诱惑太多了，以至于我们很难专注于自己所做的事，常常会不断地抉择，不断地改变自己的处事方法和方向，导致人生和事业陷入平庸，最后一事无成。如果我们带着好心情做事，会让自己专注于自己所做或者应该做的事情。

　　有一个家庭妇女，她在自己家的门前挂了一块木牌，上面写着：进门之前，请卸下所有烦恼；回家之后，请带着好心情。女主人之所以这样做，跟自己的一次经历有关。有一次，她忙碌了一天，下班回到家后照镜子，发现自己满脸的疲惫，脸色也黯淡无光，整个人无精打采的，她被自己吓了一跳。于是，她就在心里琢磨，如果丈夫和孩子看到自己愁眉苦脸的，不知道会是什么反应。她想到孩子在餐桌上一直是沉默不语的，睡觉时丈夫总是冷淡的，可能这一切都是自己的原因造成的，因为自己平时总是不断地向他们诉说工作中的痛苦。她很累，回来之后还要做各种家务，负面情绪一直挂在脸上，从来没想到把自己的心情收拾一下。想到这儿，她很震惊，于是找了一块木牌，因为她知道，作为女主人，她有责任把自己的家经营得更好。

那一夜，她和丈夫长谈了很久，最终在木牌上写下："进门之前，请卸下所有烦恼；回家之后，请带着好心情。"有了木牌的提醒，她进门之前都会把工作的烦心事忘掉，在家里洗衣做饭、整理房间时再也不觉得是又脏又累的苦差事了，孩子和丈夫也都有了欢声笑语，家里从此变得很温馨。

好心情是健康的良药，带着好心情做事，就能收到意想不到的快乐。现实生活中，当我们因为身边的琐事而烦恼不已时，不妨带着好心情做事，那样，就不会再有枯燥的事情，自己也会收获快乐，从而体会做事的乐趣，提高自己的办事效率。

生活中，每个人都希望自己能够快乐地工作，快乐地和周围的人在一起，希望自己做的一切事情都有一个完满的结局，至少比现在的生活要快乐一些。可惜的是，我们经常在自己身边寻找快乐，比如，希望得到别人的赞扬，希望自己可以控制周围的变化……这些都是外在的东西，但是，快乐是一种内在的能力，需要我们去挖掘并运用好自己的内在能力，这样就会发现，快乐就隐藏在我们所做的每一件事情里，关键看自己抱什么样的态度做事。如果以快乐的心境做事，那么，就会在做事的过程中给自己创造快乐。

"天有不测风云，人有旦夕祸福。"我们不可避免会在生活中遇到不顺心的事和物，那么，当我们遇到这些事情，解决这些事情的时候，该怎样让自己不焦虑而是快乐呢？我们遇到事情的时候要冷静，凡事多往好的方面想一想，用积极的心态看待问题，以快乐的心境解决问题，这样，我们做同样的事情会收获不一样的心情。

我们每天都要做着重复的工作，机械般地处理大量的资料和文件，时间一长就会觉得很烦，在工作中已经找不到惊奇和喜悦。但无论自己所处的工作环境是多么让自己不满意，只要自己不愿意换一个环境，就应该想办法让自己在工作中快乐起来。

带着好心情做事，对自己的工作充满热情，时刻保持一颗积极向上的心，就会快乐，一旦工作中有了快乐，就会发现，工作的八个小时是快乐的八个小时。

☕ **心灵茶社**

> 我们做事的时候应该调整好自己的心态，让自己拥有一个好心情，在做事过程中遇到棘手的问题时，一定要看到事物积极的方面，这样就不会有那么多烦恼。生活中有很多烦心的事情，要想让自己有个好心情，就应该多把美好的事物与自己的心情联系在一起。

难得糊涂，大智若愚的快乐

有大智慧的人往往都是心性淳厚的，很容易被人看作是"傻子"，事实上，只要人们跳出自己的思维定式，变换一下观察事物的眼光，就会看到另一种结果，正所谓"傻到极处是聪明"，很多事情看起来是不可理喻的，但是背后却有着非常清晰的逻辑，有着浑然天成的大智慧。

"傻人有傻福"，糊涂也是一种大智慧，对于生活中的伤害和误解，只要我们"装糊涂"而不去计较，别人就能感觉到我们的真诚。

《红楼梦》中的王熙凤很精明，结果"机关算尽太聪明，反误了卿卿性命"。做人应该单纯一些，有时候糊涂一下要比聪明人费尽心机得到的还要多。糊涂并不是一种傻，而是宁静、淡泊，在不涉及原则的问题和事情上，不去斤斤计较，不为一点利益而耿耿于怀，也不为一点小事儿而费神。

北宋时期有一个著名的宰相叫吕端，他得到皇帝褒奖的时候并不显现得有多么开心，遇到很难处理的事务时也不曾有过丝毫的畏惧，是一个非常有气度的人。他身为宰相，从来不在别人面前摆架子，而是做事非常谦虚谨慎，也很平易近人。

他和寇准都是宰相，寇准很有才能，办事比较干练，但是性格有些刚烈，吕端就处处谦让着寇准。宋太宗比较欣赏吕端，于是就下了手谕，说："不管发生什么事情，都要报给吕端分析，然后才能上奏。"但是，吕端遇到事情的时候总是找寇准商量，然后再上奏，从来不按照自己的想法独自定断。

有一次，宋太宗得了重病，吕端每天都会和太子一起到宋太宗的床前看望。等到宋真宗登基以后，在大殿上垂帘接受群臣朝拜的时候，吕端站在下面不肯下跪，要求卷起帘子，然后走上台阶，看见是真宗本人时才放心地走下台阶，率领大臣们开始朝拜，接着，他又把几个犯上作乱分子发配到外地。

吕端一生经历了三个帝王，在四十年的为官生涯中几乎没有受到任何冲击，这种经历是并不多见的，这与他事关个人利益的时候能"糊涂"的品质有很大的关系。

清朝的郑板桥在奋斗了一生即将离去之时，留下了"难得糊涂"的名训，被人推崇为最高明的为人处世之道。凡是能成就大事的人，或多或少有

"难得糊涂"的功底，只要我们懂得装糊涂，懂得装傻，就拥有了大智慧。

"心底无私天地宽"，对于生活中的一些琐事，我们不该认真的就不要太认真，有时候糊涂也是一种智慧的表现，做人贵在把聪明与糊涂集于一身，需要聪明的时候就表现出聪明，该糊涂的时候表现出糊涂，这样就能做到随机应变。

"聪明"包括的不仅仅是反应快，更应该包括为人处世的智慧。在小事上糊涂要做到有柔有刚，在大事糊涂上要做到有刚有进，这样才能进退得当，有利于大局的发展。

那些自以为很聪明的人往往结局一般。聪明过了头，目光仅限于眼前的得失，根本不会有长远打算，也不会为别人着想，妄想把所有的好处全部占尽；而真正有大智慧的人表面上似乎都很愚很"傻"。人应该学会聪明，学会生存之道，但是不要学小聪明，小聪明的人只能聪明一时，不能聪明一世。

儒家中庸之道的精髓是"过犹不及"，说到底就是"分寸"的问题，在为人处世和待人待物上面，把握清楚的"分寸"，说话的生熟浅深、人际关系的亲疏远近、办事的轻重缓急、处世的高低姿态都体现在"分寸"的把握上，所以，如果学会把握糊涂与聪明的分寸，对我们做事情将会有很多好处。

人生在世，有的时候需要糊涂，有的时候需要聪明，关键看我们怎么把握聪明与糊涂的时机。如果一个人把"难得糊涂"当作人生的信条，那就真的变成了"糊涂的人"，一个真正的糊涂者是不可能成就大事的，所以，我们应该把握好"糊涂"的分寸。

糊涂并非要显示自己的无知，而是在非正常的环境下聪明地保全自己，"装糊涂"不会给自己招来麻烦，什么事情都想究其原因会把自己弄得很烦恼。但是，有些事情是有确切答案的，是有原则性的，是我们所不能改变的，此时，我们绝对不能糊涂。我们不能放弃原则，尤其是在大是大非面前不能糊涂。

事情有大小之分，处理事情的方法也应该因时制宜。不能斤斤计较，这样看起来比较精明，实际上是一种愚蠢的做法，往往会因小失大。而表面上看起来马马虎虎，什么事情都不计较，但是遇到原则性问题的时候则毫不含糊，据理力争，有理有节，这才是真正的大智慧。

糊涂是一种大智慧，掌握起来不是一件容易的事情，只有"大智"才能"若愚"，凡事糊涂是不可取的，该糊涂的时候要糊涂，不该糊涂的时候一定要有自己的原则。日常生活中，并不是什么事情都需要我们做的明明白白，那样会给自己招来烦恼，做事的时候应该拿得起放得下，糊涂一点才能悟透人生。

心灵茶社

表面上糊涂的人能不计较眼前的得失却聪明一世，让自己始终立于不败之地。所以，我们不要处处张扬自己的小聪明，应该掌握好聪明与糊涂的分寸，该糊涂的糊涂，不该糊涂的时候不糊涂，这才是一种大智慧。

做一个用心创造快乐的人

办公室是个冷清的地方，平时上班时，大家都坐在各自的位置上，忙着手头的工作。唯一的热闹是快递人员到来的时候，每个人都张着耳朵，听是不是自己的包裹到了。那种欣喜、期待或者紧张虽然并没有外在表现出来，但都藏在每个人的心底。

如今的快递公司不少，也确实很便利，办公室里留着各种快递公司的名片，如果遇到一些公务公事，一个电话就能搞定。

这天，办公室主任张颖要发快递，她随手抽出一张名片，照着上面的联系方式打了过去。没过多久，跑来一个快递小伙子，20岁出头，其貌不扬，话语生疏，还戴着厚厚的眼镜，一看就是初出茅庐的"愣头青"。更出奇的是，和平素那些穿戴球鞋，背着大包，衣衫随意，不拘小节的快递人员不同的是，这人居然穿了西装，打着领带，皮鞋也擦得锃亮。说话时，脸会微微地红，有些羞涩，不像他的那些同行，驾轻就熟，并且个个伶牙俐齿。

单子填完，他慎重地看了好几遍，然后客气地说了感谢，收费找零。找零时，他谨慎地用双手将零钱递过去，仿佛在完成一个很端庄的交代典礼。他走后，办公室里的人就开始叽叽喳喳地小声议论，有人好奇："这小伙是哪家公司的呀，居然穿着皮鞋和正装送快件，也不怕累，真是个傻小子。"

但不管怎样，人们都觉得这小伙服务周到，态度热诚，所以每次有人叫快递的话都会找他。而且，只要是他送来的东西，总会认真确认签收人的身份，又等着签收人签收后打开，看其中的物品是否有误，然后才走。

那天是国庆节放假的前一天，快中午的时候，办公室里听到有人敲门。开门一看，居然是他。他还是那身正装打扮，只不过换了件浅色彩的西装，皮鞋仍旧很亮。他手里拎着一袋鲜红的亮灿灿的草莓，进门之后还是一脸的羞涩，虽然他已经成了这里的常客，但看上去还是略显紧张，他说这次不是来送快件的，而是请大家吃草莓。说着，他就把手里的草莓放在了靠近中心的办公桌上。

这下办公室的人都傻了，虽然大家都是见过世面的，但一个普通的快递人员请客吃草莓的事儿，他们还是头一回碰到。见大家满脸的惊诧，他才缓缓吐出一个个字："你们可能不知道，这是我的第一份工作，而我的第一份业务，是在你们这里拿到的。

我这次来，给大家送点水果，主要是感谢你们照顾我的工作，同时也顺祝大家国庆节快乐。"

这些词是大家听他说过的最长的一句话。人们从来没有料到，一个看起来木讷内敛、不善言辞的人会有这样一份心思。人们更没有料到的是，为了流畅地说出这样一句话，他事前不知道演练过多少次。

一个凭本身努力挣钱的快递小伙，只是偶然和他们成了合作关系，却用这种方式来表达谢意，让他们受宠若惊。此后，大概是由于他的草莓、他的人情味，再有快递的函件和物品，办公室里所有的人都会找他。

他每次来始终都穿皮鞋，打领结，从来都不随意。时间长了，彼此相熟，人们也会和他偶尔开个玩笑，曾有个人跟他恶作剧地说："你老穿这么端正，一点不像送快递的，倒像卖保险的。"

他没有当玩笑，反而认真地说："卖保险的都能穿那么正式，送快递的怎样就不行？记得刚参加培训时，领导就说，穿戴整齐去面见客户，是对对方最起码的尊重，也是对咱们职业的尊重。"

听他这么认真地为自己辩护，大家都笑了，人们都想，他大概是这行里最听话的员工吧？难怪他在看起来很简单的事情上，也做得比别人费力，他这样的人，想有大发展应该不太容易吧。

果然，两年的时间内，办公室的人员流动性特别大，岗位上的人换了一拨又一拨，而他还在继续着他的快递生涯。两年里，他除了换过一副眼镜外，穿着、言行和工作态度根本上没有变革。

时光流转，转眼又到了一年的金秋时分。这天办公室主任又有新的文件要投寄，照例打给这个快递男——他们的老合作伙伴。不过这次上门来服务的，不是他，而是另外一个更年轻的小伙子。小伙子说："我是快递公司的，请问您是不是有什么东西需要邮寄呢？"

办公室主任先是愣了一下，继而问道："今天怎么换人啦？你们公司原来那个小伙子呢？"

"您是说以前常来这里的那个人吗？哦，就是他派我来的。"

"派你来的？"办公室主任有些纳闷。

"是啊。"小伙子说："可能您还不知道吧，他现在是我的主管，前一阵子刚刚被提拔的，公司还让我们这些新来的以他为榜样，向他学习呢！"

这个小伙子有些自来熟，话很多，不等别人问，他就开始细说缘由了："他一直都是我们公司的优秀员工，晋升的理由好几条呢：他是公司唯一坚持按照规定穿西装的快递员，是公司唯一干得最长的快递员，是唯一不讨巧不要滑、对工作负责的快递员，是唯一创建客户档案的快递员，是唯一没有接到客户投诉的快递员……"

小伙子絮絮叨叨说了半天，才把办公室要发的物品全部拿走。

小伙子走后，办公室主任的心里一阵畅快，他是在为那位老合作伙伴感到由衷的高兴——他的用心付出终于有了回报。

当天下午，办公室里收到一份莫名其妙的包裹，打开一看，是一箱鲜红的亮灿灿的草莓。虽然没有卡片没有留言，但人们瞬间感到有一股暖流从心脏流遍全身。

☕ **心灵茶社**

世间没有一项完美的东西不来自于精心雕刻，如果你保持一份积极的心态，慢慢地用心去创造，所有的美好的东西都会在不经意间涌向你；而如果你急功近利，仓促做事，换来的也许只是平庸和无力。

享受当下的幸福

在生活和工作中，我们总是受到物质上的或者精神上的打击，自己在烦恼中不能自拔，但是，每个人都有能力让自己轻松、快乐一点。"工作中千般思索，生活中万般思量"，这是最可怕的事情，我们应该活在当下，该吃就吃，该睡就睡，不时刻把烦心事放在心上，这样就不会透支生活的烦恼。

很多人觉得很烦闷，自己的很多目标和愿望都无法实现，总感觉上天不眷顾自己，幸福离自己很遥远。其实，幸福就把握在我们自己手中，就在生活中的很多细节里，但是我们常常忽略身边的幸福，一心为了不切实际的目标去"奔命"，让自己变得烦恼。

在很久以前，有一个很富有的国家，国王住在一座非常华丽的宫殿里，他在宫殿外面安排了很多侍卫，以便随时供自己差遣，为自己服务。有一天，国王邀请一个朋友到自己的宫殿做客，朋友看见如此盛大的排场，很羡慕，对国王说："看看，你是多么的幸福啊，你想要什么就有什么，你是世界上最幸福的人。"

国王不以为然，笑着说："你真的认为我比所有人都幸福吗？"

"难道谁还能比你幸福？你拥有全国所有的财富，手握强大的权力，在这个国家，没有什么可以让你烦恼，难道你不这样认为？"

国王走到朋友面前，指了指自己的龙椅，对朋友说："明天，我让你坐一下我的位置，你感受一下。"

第二天，国王真的吩咐侍卫把朋友请到宫里。国王的侍卫和仆役像对待国王一样对待国王的朋友，他们为他穿上了龙袍，戴上了皇冠，随后又给他安排了一顿丰盛的午餐，仆役们在桌子上摆满了山珍海味，还有漂亮的花卉、珍贵的香水、珍藏的美酒，并为他奏起了动听的音乐。国王的朋友半躺在柔软的椅垫上，很陶醉，感觉自己成了世界上最幸福的人。当他端起杯子准备品尝美酒的时候，一抬头看见了天花板上悬着一把宝剑，剑尖直指自己的头。他的笑容立即消失了，再也无心享受美酒美食了，只想赶快离开皇宫，因为，他发现那把宝剑只是用一根很细的线在天花板上系着。

这个时候，国王走了进来，笑着问道："怎么样，还不错吧？不过，你看上去好像没有胃口。"

朋友看着国王，战战兢兢地说："你一直坐在这里，难道没有发现上面有一把剑？"

国王说："我看见了，是我挂上去的，并且让它指向我的头。我每天都要看它，以此提醒自己时刻留心。我的臣子可能会嫉妒我的权势，想谋杀我；我的人民可能会听信谣言，想推翻我；邻国的国王可能会来争夺我的地盘。我可能犯一点小错误就导致自己灭亡，你要享受这些权力你也要承受这些风险，权力和风险永远都是随行的。"

国王的一番话让他的朋友恍然大悟，原来自己才是最快乐、最幸福的人，虽然自己没有华丽的宫殿，没有美味的佳肴，没有悦耳的音乐，但是自己吃饭、睡觉的时候从来不会担心自己有危险，自己不该只看到自己痛苦的一面。

其实，我们不必去羡慕他人的幸福，也没必要给自己制造幸福的假象，然后让周围的人觉得自己是幸福的，这些都会让我们生活得不快乐。我们应该清楚，幸福要靠自己去发现。

比如自己好端端地端碗肉吃，看见别人吃海鲜就觉得自己比不了别人，我们有这种感觉只是放大了差距带给我们的心理压力，这种攀比心理会让我们忽略自己可能会对海鲜过敏，如果自己也去吃海鲜，就会全身起很多斑点，这又是何必呢？我们应该活在当下，满足于自己拥有的，这样就不会再感觉自己不幸福。

幸福隐藏在我们生活中的每一个细节之中，如何让自己感觉到幸福，主要在于我们是否具有一双发现幸福的慧眼。每个人都在追求幸福，但是很多人却在追求幸福的过程中把自己搞得烦恼。

正好比青春年少时，每个人都会追求自己心仪的人，而真正能拥有爱情的是少数，即便拥有了爱情，走入婚姻的殿堂，也不见得就会感觉自己是幸福的，很多人还会因为自己的婚姻而备受煎熬。造成这种结果的原因就是，我们只顾着去追求，而没有擦亮自己的双眼，一开始就被幸福的假象所蒙蔽了，找错了自己的对象，走错了方向，幸福当然会失之交臂。

一个权威部门的调查显示：在我国，农村居民比城市居民感觉自己更幸福。城市居民拥有优越的物质生活，为什么还没有农村居民幸福呢？究其原因，因为城市居民对自己的幸福定位要比农村居民高，幸福底线的差异是造成这种结果的主要因素。

世界上有两种悲剧——求之不得和得偿所愿。人类的欲望是无止境的，我们想要每一个东西就会想方设法去得到，如果得不到就会苦苦追寻，如果得偿所愿，又会有更大的欲望驱使自己拼命向前，于是就会活得很痛苦。当自己的身体在忙碌的追求过程中出现问题，自己不得不停下脚步时，才会发现，拥有健康的身体就是最大的幸福。因此，我们应该活在当下，好好感受身体健康给自己带来的幸福，莫要等到自己身体出现问题时才想到摆脱欲望的枷锁。

活在当下，给自己定一个幸福底线，就能发现自己是幸福的。幸福其实很简单，就像在阳光普照的沙滩上拾贝壳，只要我们愿意弯腰，贝壳俯首即拾。

☕ **心灵茶社**

活在当下，就要接受已经无法改变的结果，只有从过去的痛苦中走出来，才能有心情去发现当下生活中隐藏的幸福。未来的生活是一个未知的谜，只要我们活在当下，并努力为自己的梦想去奋斗，就一定能取得让我们满意的结果，没必要"前怕狼，后怕虎"，不敢迈出前进的步子。活在当下，不透支生活的烦恼，就会更有自信和激情去迎接明天。

目之所及，尽是美好

在阿尔卑斯山中，有一条风景很美丽的大道，挂着一句"慢慢走，请注意欣赏"的标语，其中"欣赏"两个字写得很小，远远望去就只有"慢慢走，请注意"六个字。这个标语虽然在很醒目的位置，但是路过的人不一定每个人都是在慢慢走的。

生活中也是一样，我们经常忽略"欣赏"，总是感觉自己很忙，认为自己的时间太少，还有很多事情等着自己去做。走在人生的路途上，忙忙碌碌是一辈子，轻松自在也是一辈子，我们为什么要让自己活得那么累呢？人生就是一场旅行，我们应该把目光停留在生活的美好处，而不是匆匆走路。

有一个美国商人，他坐在墨西哥海边的一个小渔村的码头上，看着一个当地的渔夫划着自己的小渔船靠岸，然后走上前去，他发现船里有几条大鱼，就把那个墨西哥渔夫赞扬了一番，并且问他需要多长时间才能捕到这么多鱼。墨西哥渔夫听到美国商人的赞美，开心地笑了，说要不了多长时间就能捕到这么多鱼。

商人就问道："现在天色还很早，你为什么不多捕一些上来呢？"

渔夫不以为然，说道："这些鱼已经足够我们家生活所需了，为什么还要捕呢？"

听了渔夫的话，商人感觉不可思议，就问道："既然你在短时间内就能满足一家人的生活所需，那其他时间你都干什么？"

渔夫说："当然是怎么过着舒服怎么过。我每天都睡到自然醒，然后就出海捕一点鱼回来，回来后就和我的孩子玩一会儿，然后抱着老婆睡个午觉，到黄昏的时候再找朋友喝点酒，这样的日子挺充实的。"

商人简直不敢相信自己的耳朵，他感觉这样的日子没有任何意义，就对渔夫说："我是美国哈佛大学企业管理专业的硕士，我可以帮助你。你应该每天多花一点时间去抓鱼，把鱼卖了之后就可以换一条大一点的船，这样就能抓到更多的鱼，然后买更多的渔船，你就可以拥有一个渔船队。到了那时候，你就不用把鱼卖给鱼贩子了，可以直接卖给加工厂。等自己发展的再大一点，还可以自己建一条生产线。照着我给你说的思路走下去，你就能搬出这个小渔村，想到哪里就去哪里。"

渔夫问道："这得花费多长时间啊？"

商人很肯定地说："不到二十年。"

"然后呢？"

商人哈哈大笑，说"然后你就是大老板啊，你还可以宣布公司上市，把股份卖给投资人，到时你就发了。那时候，你就可以搬到一个小渔村住，每天都睡到自然醒，然后就出海捕一点鱼回来，回来后就和孩子玩一会儿，然后抱着老婆睡个午觉，到黄昏的时候再找朋友喝点酒。"

渔夫疑惑地问："这不就是我现在过的日子吗？"

故事中的美国商人是聪明的，但是渔夫才是最懂得欣赏生活的人。人生中最重要的不是金钱和权力，而是随心所欲，这才是生活的美好处。在忙碌的生活中，人们经常忘记去发现生活中的美，把自己弄得疲惫不堪，到了生命的最后却不知道自己是怎么度过一辈子的。

生活中，如果我们不能停下忙碌的脚步，就无法拥有发现风景的愉悦和欣赏风景的惬意，就像故事中的美国商人一样，眼睛里根本看不到小渔村的风景和渔夫的快乐，他看见的只是商机，因为他的头脑中根本就没有风景。

渔夫的生活是商人设想渔夫发财之后的日子，然而不发财也是那样的日子，发了财还是那样的日子，为什么还要花费二十年的时间让自己生活在忙碌和烦恼之中呢？渔夫是一个懂得欣赏风景的人，所以他的生活中充满了幸福和欢乐。

有些人知道欣赏生活的重要性，知道把目光停留在生活的美好处，于是走累了或者遇到烦恼了就停下前进的脚步，欣赏人生旅程中的美好风景。生活是需要暂停的，停下来欣赏一下路边的风景，就能把困扰自己的烦恼抹去。

我们总是觉得生活中有很多事情在等待着我们去做，所以每天都在忙碌，就算生活中有美好的风景摆在自己的眼前，也只是匆匆看一眼，然后又离开了，根本没有时间欣赏，结果，多姿多彩的生活只剩下忙碌和烦恼。

生活中，我们不妨暂时停下脚步，把目光停留在生活的美好处，这样才能领悟到人生的真正意义。如果我们每天都活在忙碌的倒计时中，就会有许多俗套的理由，这样一来，我们就不能欣赏到路途上的风景，匆匆地达到终点后就会发现自己已经忘记了生活是什么样子，这样的人生是悲哀的。只有懂得欣赏风景，愿意把目光放在生活的美好处的人才算得上懂得生活的人。

心灵茶社

在忙碌的生活中，总是有一些事情把我们扰得烦恼不已，我们不妨停下脚步，把目光停留在生活的美好处。我们生活的这个世界是五彩缤纷的，世界上的每一种东西都有它的魅力，只要我们能停下来细细欣赏，就一定能让自己的人生之路也变得绚丽多彩。